科学メガネ読本

池内了

アノニマ・スタジオ

まえがき

本書は、ホームレスの人々を支援する雑誌「ビッグ・イシュー（日本版）」に、二〇一六年から毎月一回連載している「宇宙・地球・人間　池内了の市民科学メガネ」と題したコラムが百回の節目になった機会に、これまで書いた文章を集めたものです。「宇宙・地球・人間」とは、むろん全体世界を構成する万物である「天地人」のことであり、「科学メガネ」とは科学の目で三才《さんさい》（森羅万象）を論じてみようとの意図が込められています。といっても、大上段に構えず、身近な話題を取り上げ、その背後にある科学にまつわる知られざる逸話を綴ったものです。日常に溢れている科学をやさしく語り、科学的に見ると面白いものだと誰にも感じてもらえるように工夫しました。そして、執筆者である私の存在を示そうとの下心もあって、読者に向けての、ほんのちょっぴりプラスになるような寸評を付け加えています。単に科学の挿話を語るのでは芸がないと思ったためです。

さまざまに思いつくままに書いたので主題があるわけではなく、やはり天（宇宙・地球・月に絡むこと)、地(地上に広がる自然や生態系)、人(人間のみならず動物や植物などの生命体、脳や遺伝子のこと、そして人間が創り上げた文化や社会に関わること)について、話題が偏らないよう、コラム掲載中ではランダムに書いてきました。しかし本書では、天地人に絡まるよう五つのテーマに分け、第1章「身体と脳の不思議」、第2章「動物と虫、生態系の謎」、第3章「植物と遺伝子とウイルス」、第4章「未来と社会と子どもとの関わり」、第5章「月と宇宙と地球の未来」としてまとめてみました。

さて、この章分けが適しているかどうか自信がありませんが、それぞれ関連があるテーマを集めて並べてみたのです。このように、いわば便宜的な章分けですから、どこから読んでもよく、また目次からキーワードを選んで飛ばし読みされても構いません。読むうちに、自然の奥行きの深さに感じ入り、投げかけられている自然の秘密(謎)に立ち向かう人間の取組と努力を知る中で、謎を解き明かしていく楽しみを味わってもらえるのではないでしょうか。きっと、心のどこかで共鳴するところがあるはずですから。

目次

4章　未来と社会と子どもとの関わり

1章

身体と脳の不思議

01 塩、その知られざる不思議な作用

塩（塩化ナトリウム）は、私たちの体に常にある決まった割合で含まれているので、一定量を必ず摂取しなければなりません。そのため、健康維持に欠かせない「必須ミネラル」とされているのですが、「必須」である理由（体内での役割）はいくつもあります。

その第一は、体液（血液・組織液・リンパ液など）中には塩がナトリウムイオンの状態で溶けていて、細胞の内外での体液の圧力（これを浸透圧といいます）のバランスを一定に保つ働きがあります。このバランスが成立することによって食べ物から栄養素を吸収できるので、バランスが崩れると体内に栄養が取り込めなくなります。つまり細

胞を正常に保つ上で「必須」なのです。

二つ目は、脳からの命令は電気信号として神経細胞を伝わっていくのですが、電気信号を伝える働きをするのがナトリウムイオンです。これが不足すると、脳の指令がうまく伝達できず、神経や筋肉の働きの調整ができなくなって体調不良を引き起こす危険性があります。もう一つの役割は、塩味(ナトリウムや塩素)の刺激によって味覚の正常化が保たれ、食べ物をおいしいと感じられることです。それによって食欲が保たれるからこそ体力を維持できているのです。

他にも、塩は体が酸性になるのを防ぎ、消化と吸収を助けるなど、重要な働きをしていますが、塩は代用品を人工的に作り出すことができない唯一無二の食品だそうです。海水を濃縮したり、岩塩を溶解させたりする以外に、塩を手に入れる方法がないためです。そのように苦労して手に入れた塩は、野菜や魚を塩漬けにし、素材の味を引き立てるための調味料として使える優れ物なのです。このように塩は食と切り離せないのですが、食以外でも塩の知られざる不思議な作用が利用されています。

食卓で、ひょっと手を動かした拍子にワイングラスを倒してしまい、せっかく新調したテーブルクロスに赤い染みを作ってしまった、という経験はありませんか。そんなときの染み抜きの簡単な方法があります。食卓塩を振りかけるだけでいいのです。すると、布に浸透し始めていたワインは塩に吸収され、ややピンクがかった白っぽい塊になるでしょう。後は、ナイフでこれを剥がすだけで問題解決です。なぜ、そんなに簡単にワインの染み抜きができるのでしょうか。

テーブルクロスがコットンの場合、セルロースの繊維にはワインの色素分子を引きつける強い力が働きます。例えれば、セルロースの繊維の表面に小さなマジックテープが縫い付けてあるようなもので、色素分子を引っ掛けて逃がさないのです。これを吸着といいますが、それを取り除くためには水を大量に使うか、市販の洗剤を使わねば赤ワインの染みを取ることができません。

しかし、テーブルクロスに塩をかけると、塩の結晶が色素の溶け込んだワインに近づき、一部が溶けて色素分子をセルロースから奪い取ってくれるのです。やがて、塩とワインの混じった塊がペースト状になり、溶解せずに結晶のままで残っている塩の表面に堆積するので、ナイフで簡単に剥がせるというわけです。

もう一つ、京都のある陶工は、陶器を焼き終える直前に粗塩をひとつかみ振りかけるそうです。この技法を「塩釉《えんゆう》」といいます。これによって青味がかった薄い膜で覆われ、光沢があってぼかしの入った独特の表面感が得られるのです。焼き物という偶然が関与する美を演出するのに使われる至高の技と言えるでしょう。

この高等な技の理由は、高温の窯で気化した塩と粘土と蒸気が化学反応を起こして、アルミノケイ酸塩ができるためです。塩の量、粘土の性質、窯の温度、薪の火の強さと持続時間、冷却過程など、さまざまな要素や条件がピタッと決まったとき、最高の作品が得られるのです。名人と言われる陶工は、鍛えられた眼力と勘によって塩釉の技を自在にこなしているのでしょう。

身近にあってありふれた塩なのに、不思議な作用を秘めているのに驚かされますね。

（二〇二一年八月十五日４１３号）

02

熱中症と低体温症

人間は哺乳動物であり、鳥類とともに恒温動物です。体温が環境の温度より高く、ほぼ一定に保たれています。このほぼ一定の体温というのは、環境にさらされている皮膚表面（皮膚温）ではなく、体の表面から2〜2.5㎝より内側の部分の温度で深部体温を指します。この部分に脳・心臓・肺臓・肝臓など重要な臓器すべてが含まれていて、体内時計に従って一日でゆっくり変化するものの、恒常性が保てるようほぼ一定になっています。恒温動物と呼ぶ所以です。テレビのミステリー番組では殺人が行われた時間を死後硬直で見積もっていますが、より正確には肛門内温度を使うのだそうです。

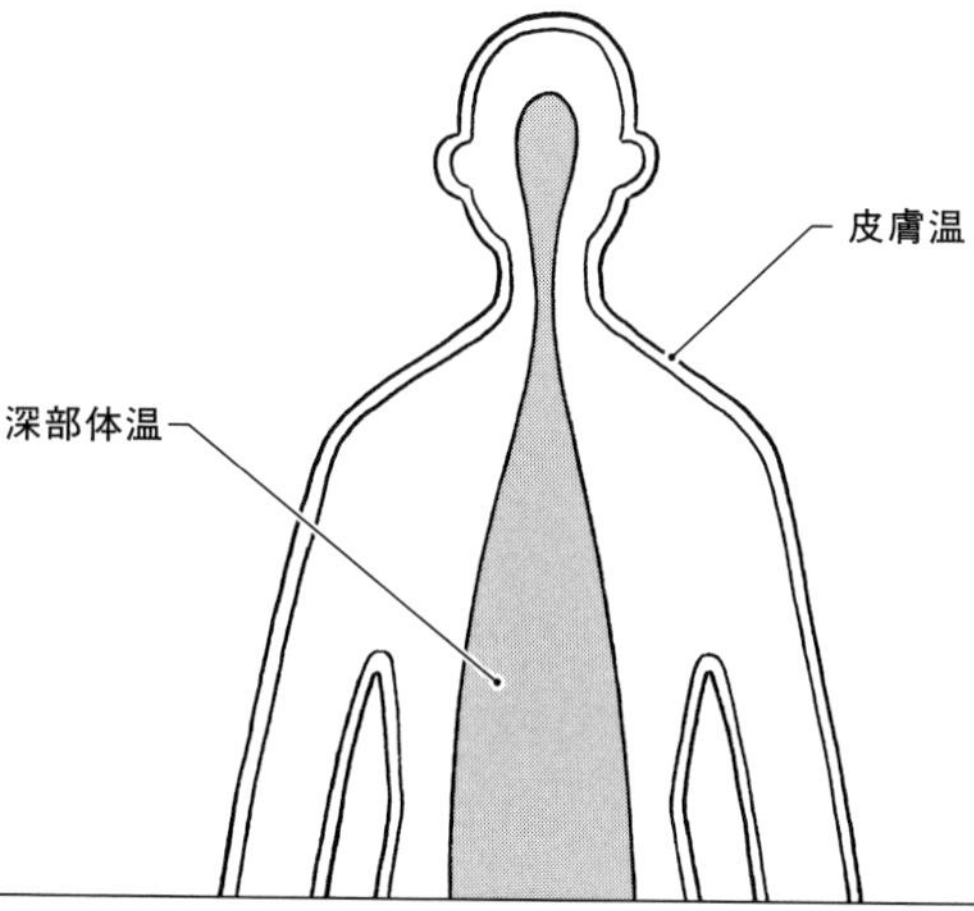

人間の体温の測り方：体の表面で測る皮膚温と
体の内部で測る深部体温があります

深部体温が一定であるのは、食物摂取で得たエネルギー源から筋肉と肝臓での代謝によって発生した熱と、皮膚から放射・蒸発・対流・伝導などの作用によって失われる熱との間でバランスがとれているためです。この体温調節を機能させているのが血液や呼吸で、視床下部にある体温調整中枢が血管の拡張や収縮、発汗や体の震え、呼吸の速さなどを通じて行っています。

体内で発生した熱量が、(あるいは外部からの高温の熱源に曝《さら》されて)体外へ放出する熱量を圧倒すると熱が体内にこもり深部体温が上昇します。それが「熱中症」です。内臓が高温に曝され肉体機能が破壊される危険性があるわけです。地球温暖化で夏の高温が厳しくなっているため、熱中症が増えています。それも太陽の強い放射を浴びての熱射病よりも、エアコンのスイッチを切った暑い室内での熱中症が増えているそうです。電気代を節約するためで、〝貧しさゆえの悲劇〟と言えるでしょう。現在、熱中症で一年に一五〇〇人もが亡くなっています。

一方、体内で発生した熱量に比べて体外へ放出する熱量が圧倒的に多いため、深部体温が下がって起こるのが「低体温症」（かつての呼び方は「疲労凍死」）です。冬山に登って吹雪で道に迷ったとか、雪下ろしのときに屋根から落下して雪に閉じ込められたとかの、屋外での発症が圧倒的だったのですが、現在では屋内での発症の方が多くなっています。地震・豪雨・豪雪などの自然災害で避難所に駆け込んだ後に、低体温症を発症することが多いためです。内臓の機能が低化する結果、年間で熱中症に匹敵する一〇〇〇名近くもの方々が亡くなっており、知られざる悲劇と言うべきです。

この場合、深部体温はゆっくり下がっていきますから、早めに低体温症であると気付いてしかるべき手当てをすれば生存率は高くなります。深部体温が三十五度から三十二度までの降下が軽症の低体温症で、寒さを訴えて震え、手作業が難しくなって躓《つまず》いたり転んだりし、判断力が鈍って喧嘩っぱやくなります。そんなときは寒さや濡れた状態から早く抜け出させ、暖かい環境の下に置くことが第一です。温かい飲み物やアルコールが良さそうに思いますが、実は効果的ではありません。三十二度以下の重症の低体温症では、震えがなくなり、思考力が下がって寒さに無頓着になり、意識レベルも低下して昏睡状態になることが多くなります。

十月に六甲山で道に迷い転落した男性は、骨盤を骨折して身動きができず、三週間以上も未発見のままでした。発見されたときは昏睡状態で、病院到着時の深部体温はなんと二十二度であったそうです。しかし、四ヵ月足らずの治療の結果、職場復帰を果たしたそうで、このような最重症の低体温症でも適切な治療ができれば回復可能であることを示しています。

低体温症が避難所で生じていることはあまり知られておらず、今後増えると予想される自然災害避難において、十分注意する必要がありそうですね。

（二〇二二年九月十五日４３９号）

03

涙は脳をリセットする

母が亡くなったとき、初めは涙も出ず、何だか無感動な自分だなと思っていたのですが、遺体が葬儀場に送られて姿が見えなくなったとたんに号泣が始まり、嗚咽《おえつ》して涙が三十分以上止まりませんでした。しかし、その後の骨揚げのときには、すっきりして家族の者とも話をすることができました。どうやら、最初、頭の中は母が亡くなった事実のみに囚われ、脳が硬直してまともに機能しなかったのが、涙を流すことによって脳の状態がリセットされたと解釈できそうです。

人が涙を流すのは、このような悲しみのときだけでなく、怒ったときや反対に幸福絶頂のとき、感動したり共感したとき、苦しんだときや驚いたとき、痛かったり辛かったときなど、感情的な感覚がほとばしり出るときの生理的反応なのでしょう。むろん、それは単なる落涙の説明であって、人間はなぜ涙を流すのかについては答えていません。実際、涙の機能や役割については、いろんな説があってまだ未解明だそうです。涙は喜怒哀楽の多様な場面で流されるため、その起源は簡単ではないのかもしれません。

私が気に入っている説は、特に感動したり共感したりしたとき、涙がホルモン作用を刺激することによって、脳に溜まっているストレスの解消に寄与するという説です。筋書きはこうです。人が感動したり共感したりすると、大脳の前頭前野が強く興奮して信号を送る結果、ストレスホルモンであるコルチゾールの分泌が抑えられます。この効果によってまずストレス感が軽減します。つまり感動や共感が涙を通じてストレスを和らげる作用をするのです。それだけではありません。そのとき自律神経が、通常は緊張状態で働く「交感神経」から、リラックスした状態や寝ているときに優位な「副交感神経」にスイッチが切り替わります。この一連の仕組みによって涙が流れるのですが、言い換えれば、涙を流すことはこのような効果が働いた結果なのです。前頭前野からの信号は脳全体に発せられますから、泣き顔になったり、号泣したりすると全身に作用します。こうした過程を経ることで、脳の状態がリセットされスッキリした状態になるというわけです。

この理論を基にして、最近では涙を流す「涙活《るいかつ》」を積極的に取り入れている企業や学校があるそうです。別れの日の感謝の言葉、何年も離れていた恋人との再会、スポーツでの勝利の瞬間、それらの短い映像を見せるのです。そうすると、参加者の多くが感動や共感で涙を流し、気分が一新されるわけです。何だかわざとらしくて厭《いや》だなと思われるかもしれませんが、たとえ人為的であっても、「感涙」することによって脳のストレスを減らすよう働くのです。

一人でできる「涙活」を実践している人もいます。週末の夜に、映画を観てひとり号泣する時間を確保しているのです。部屋を暗くし、スマホをオフにし、お香をたいて雰囲気を盛り上げ、例えば映画の『ひまわり』を気持ちを集中して観るのです。ソフィア・ローレンが演じるジョバンナが、マルチェロ・マストロヤンニが演じる夫のアントニオを探して、遠く地平線まで広がるひまわり畑（今、ロシアに侵略されているウクライナの畑です）を彷徨《ほうこう》する姿を観たとき、また映画の最後のミラノ中央駅でアントニオを見送ってホームにひとり立ち尽くす姿を観て、思わず泣いてしまうでしょう。わかっていても感動して涙を流してしまうのです。そんな「愛と感動」の映画のDVDを用意してたっぷり涙を流してみてはいかがでしょうか。

テレビドラマを見ながら思わず目を拭《ぬぐ》ってしまうのも重要な「感涙」の一種で、安直な涙だとからかわれても、感動したら思い切って涙を流すのがいいのです。私たちはストレスを抱えてつい脳が固くなりがちですが、涙を流すことによって脳をリセットし、何に対しても柔らかく新鮮な気分にしてくれるからです。年をとって涙もろくなったというのは、余分なことを抱え込まず心が軽くなっている証拠かもしれませんね。

（二〇二二年十一月十五日４４３号）

04

寒い夜、健やかな眠りのために

寒くなると冷たい布団の中で縮こまり、冷えた空気に包まれているような気がして、寝付けないことがあります。そこで、快適に眠るちょっとした方法をお教えしましょう。

通常、睡眠は深い眠りと浅い眠りが、それぞれ一時間半程度ずつで繰り返していま す。最も深い眠りとなるのは最初の周期で、このときが睡眠の質を決めています。成長ホルモンが活発に分泌されて体の疲労が回復する時間帯なのです。このときの部屋の温度として、布団から出たとき一枚上衣を羽織ってちょうどよい15～18度くらいにエアコンをセットし、三時間くらい後にタイマーで切れるようにしておくのが良さそうです。布団の中では体温で三十三度程度まで上がっているので、室温は低めでいいのです。

気をつけるべきなのは湿度です。エアコンをつけると湿度が30％以下と乾燥し過ぎになるため、喉の粘膜が乾いてウイルス感染しやすくなります。そこで加湿器で湿度を40～60％になるよう調節することです。逆に湿度を高くし過ぎると結露してカビが生えますから注意しましょう。

寝具としては、最も保湿性に優れているのは羽毛の掛布団で、吸湿率が高いのはウールの毛布です。化繊の掛布団やアクリルの毛布は吸湿性が悪く、空気がべとついた感じになって深い眠りを妨げます。年を取ると代謝が下がって体温の変動も少ないので、保湿性が高い軽くて暖かい羽毛布団とし、吸湿性の高いウール毛布がお勧めです。人生の三分の一を占める睡眠ですから、できれば思い切って贅沢しましょう。

気温が下がると、熱い風呂に入って体を芯から温めればよく寝られるだろうと思うのですが、実はこれはよくありません。この場合、手足の血管が収縮して体の深部に熱が残ってしまうので、かえって眠りにくくなるのです。就寝の一時間くらい前に、

38〜40度のぬるま湯にゆっくり二十分ほど浸かるのがベストです。手足の血管が開いて体の深部の体温が下がって眠りやすくなります。すっきり起きるためには、徐々に明るさが増すライトと暖房機のタイマーがあれば起床時に合わせておくのがよいでしょう。

一方、寒さとは関係なく、不眠で悩んでおられる方も多いと思います。不眠とは寝床に入っても寝付けなかったり、途中で目が覚めてしまったりする場合のことを言います。それには三つのタイプがあるそうです。

一つは「目がさえて眠れない」タイプで、覚醒中枢が過度に活動するのが原因です。眠くなったけれど寝床に就くとなかなか寝付けないときは、思い切って寝床を離れ、読書やテレビで気分転換をして、本当に眠くなるのを待つのがよいとされています。二つ目は「寝すぎて眠れない」タイプで、睡眠中枢の活動が低下しているためです。寝床にいる時間が長すぎるので、寝るのを七時間以下に制限するとか、日中に運動を習慣的に行うと解決できるようです。

三つ目が「時間がずれて眠れない」タイプです。海外旅行から戻ってきたとき、夜中にぱっちり目が覚めてしまうことをよく経験しますね。ところが、海外旅行に行かなくても、加齢とともに体内時計が朝型にシフトするのです。五十代を過ぎた男性が早起きになることが多いのはこのためです。こんな場合、眠くなるまで我慢して寝床に就かず、遅寝となっても起床時刻を一定にするよう目覚まし時計で強引に目覚めるのが秘訣です。これを繰り返すことで体内の起床時刻が一定になっていくのです。寝つきの悪い人は朝の光をたっぷり浴び、早く目覚める人は逆に朝の光を避ければ、体内時計を現実の時間に一致させる効果があります。

一般に、睡眠時間が長すぎても短すぎても、糖尿病や高血圧などの発症リスクが高いそうで、一日6～8時間くらいが一番健康的だとされています。そして熟睡するために、寝床で過ごす時間を少し短めにする、体が要求する年相応の睡眠時間に合わせる、毎晩熟睡しようと欲張らない、というのが健やかな眠りの極意のようです。

（二〇二四年一月十五日４７１号）

05

「時間栄養学」のすすめ

人間（のみならずすべての生き物）は体内時計を備えていて、朝起きてから夜寝るまで、体温やホルモン分泌や血圧などがゆっくり変化して一日のリズムを刻んでいます。太陽の動きや昼夜など、外界の変化に対応するよう体内時計を微調整しているのです。微妙な体調管理をすることで生理状態を一定に保っています。これが生命活動のホメオスタシス（恒常性）と言われるものです。

この体内時計には、脳の視交叉上核《しこうさじょうかく》にある「中枢時計」と、脳・心臓・胃・皮膚・血液・筋肉などの臓器や組織に存在する「末梢時計《まっしょうどけい》」があり、中枢時計が末梢時計のずれや乱れを調整しています。この体内時計は太陽と同じ約二十四時間の周期で変化しているのではなく、最近の研究では二十四時間プラス十分程度の周期だそうです。つまり、一日経つと体内時計は地上の時計から十分ほど遅れるのです。十分は短く感じられますが、累積していくと生活に支障をきたすことになります。そこで、毎日体内時計を早回し（リセット）して、一日二十四時間のリズムに戻しているのです。視交叉上核は目に近いところにあり、中枢時計は朝起きて目が日光を浴びるときに時計が遅れを取り戻しています。

これに対し末梢時計は、朝食を摂ったり運動したりして体の臓器や組織を活動させることで時計がリセットされています。朝食で消化酵素やホルモンが分泌され、腸の蠕動《ぜんどう》運動が開始されることが合図となって、体内時計も同調して早く動き始めるのです。体内時計は細胞レベルに存在する時計遺伝子が働いているためなのですが、なぜそれが地球自転の周期と少しずれているのか不思議ですね。毎日そのずれを戻す刺激を与えるという、生命活動を活性化するための生命体の工夫かもしれません。

「時間栄養学」というのは、体内時計のリズムと食物の栄養の吸収・代謝の働きの関係を研究する分野です。体内時計が乱れると臓器や組織が正常に働かないため、せっかく摂った食べ物も十分栄養に転化しません。そのため体調不良になったり、肥満や生活習慣病が引き起こされたり、老化が加速されたりする危険性があります。肥満や高血圧は食事の偏りのみが原因ではなく、体内時計が狂ったためでもあるのです。

そこで、人間の体を扱う医学・薬学・運動学・栄養学など広い分野で、体内時計を併せて考えることが求められるようになりました。たとえば、腸の作用に一日のリズムがあるため、薬を飲んだときの吸収・代謝・排泄が時間により異なり、薬の効き方も服用時間で大きく違ってくることは明らかです。処方された薬も飲む時間を守らないと効果が減ってしまうのです。それを研究する「時間薬理学」という分野が盛んになっています。

「時間栄養学」では特に朝食の重要性を強調しています。末梢時計が朝食でリセットされることを述べましたが、考えてみれば食物の消化や吸収には一定の時間が必要であり、代謝などの生命活動には順序があるわけですから、これらが体内時計と歩調を合わせるべきなのは当然のことです。

その詳細を調べるために以下のような実験が行われました。学生のグループを二つに分けて、同じ食事の量でも、朝食2、昼食3、夕食5の割合にした場合と、朝食5、昼食3、夕食2の割合にした場合を比べてみると、夕食が多いグループだけが体重と体脂肪が増えたそうです。

このことは効果的なダイエットや体調管理には朝食が重要であることを物語っています。また、食事の時間との関係を調べると、夕食と朝食の時間を空け、就寝の2～3時間前に夕食を済ませておくのが太りにくい体質にすることも示されました。食間を長く取り、量を多くした朝食を一日の始まりとして体内時計をセットすると、余分な肉がつかずに効果的に栄養分が肉体活動に使われるというわけです。

これが、時間栄養学から見た健康な食事の秘訣です。体内時計の存在を考えると、このような極めて常識的な健康法こそ科学的根拠があるとわかりますね。

（二〇二三年六月十五日４５７号）

06

血圧と呼吸のリズムが同調するとき

私の母はお盆の墓参りから帰ったとき、仏壇に向かってひとりお経を読み上げるのを習慣としていました。といっても、私たち子どもたちはお経のお相伴をするのを嫌がって、それぞれ口実をもうけて仏間に寄り付かないものだから、母がひとりになってしまったのですが……。先に亡くなった父の位牌に手を合わせて、わが家のことを報告するという目的もあったのでしょう、母は子どもたちに一緒にお経をあげるよう強要しませんでした。

母のお経は、初めは元気で大きな声であったのが、そのうちに涙声に変わり、やがてつぶやくような声になって御詠歌（仏を称えて詠う歌）のようになり、終わり頃になると目が覚めてシャキッとし、最後にすがすがしく終わるという具合でした。私は母の変化を、長いお経を読んでいるうちに、亡き夫（私たちの父）を思い浮かべて対話している気分になり、まもなく疲れで眠りこけそうになって夢の中でお経を口ずさみ、終わりに近づくと元通りの自分に立ち返るのだろうと、解釈していました。母はお経を読む中で、桃源郷を彷徨《さまよ》う気分を味わっていたのではないか、と。

このことを裏付けるような研究報告があります。血圧は心臓の鼓動数（一定の時間内の心拍数）と関係があり、鼓動数が多くなると心臓から出る血流が増えて血圧が上がることになります。従って、心臓が脈打つ数が増えたり減ったりすると血圧が上がったり下がったりのゆらぎを引き起こします。お経を読んだり、詩を朗読したりすると き、心臓の鼓動を打つ数のゆらぎが血圧のゆらぎと同期し、それが呼吸のリズムと一致すると肺の酸素交換機能が高まるため、体の感受性がよくなって人を心地よい気分にさせるのではないか、という仮説の提案なのです。母のお経にも、その効果があったのではないでしょうか。

普通、血圧は十秒くらいの周期で揺らいでいます。それに対し、自然な呼吸は一分間に十五回（つまり四秒に一回）くらいですから、心臓のような循環器系と息を吸い吐くような呼吸器系とは別々のリズムを刻んでいます。ところが、「六歩格《ろくぶかく》」と呼ばれる一行《ぎょう》に六つの韻律を含む詩を朗読させると、血圧と呼吸のリズムが同期するようになり、気分がよくなることが知られています。

実際に、①六歩格の詩を朗読させた場合、②一分間に六回の呼吸をさせた場合、③自然な呼吸の場合、の3グループに分けて血圧と呼吸のリズムの同期実験をしてみると、①の場合に最も同期しやすいことがわかりました。無理に呼吸を合わせようとすると、かえって苦しくなってしまい続きません。ところが、リズム感がある詩を朗読すると、知らず知らずのうちに同期するようになって、気分が高揚するのです。ラテン語のアヴェ・マリアの歌やヒンドゥー教のマントラを原語で唱えてもらったところ、呼吸数が毎分六回に減り、血圧が安定することも他の実験で確かめられています。集団で声を合わせて独特のテンポで歌を歌うのは、みんながいい気持ちになって団結心を強める効果がありそうですね。

人間は体の内部にさまざまなリズムを持っています。脳波、心拍、血圧、目のまたたき、呼吸、体内時計などです。それぞれが独立したリズムで独自のメロディを奏でているのですが、ある条件下で同期したり、通常以上に狂ったりすると、体調に影響することは想像できそうです。むずかっていた赤ん坊でも、ゆっくりしたテンポで体をゆるく叩きながら子守唄を歌ってやると、すぐにすやすやと寝入るのもそのためでしょう。心臓病や高血圧の人の、血圧変化のゆらぎと呼吸のリズムをあらかじめ測定しておき、それらに同期する詩を朗読してもらえば気分が安静し、治療の効果が上がりそうです。

母は、お経を読むうちに血圧と呼吸のリズムが同期するようになり、亡くなった父に快い気分で再会している心地になっていたのでしょう。そっとしてあげておいてよかったと思っています。

（二〇二一年七月十五日４１１号）

07

「旨いものは別腹」って本当？

わが家では、一年に四回家族そろってカニ料理を食べに出かけるのが恒例です。

家族みんながカニ好きなのですが、財布のことを考えると、そう何回も行くわけにも行かないので、私たち夫婦と娘と孫たちの誕生日の二月、四月、九月、一二月に限っているわけです。四回に限ったのは、娘の子ども（つまり私の孫）二人が小学校の高学年と中学生になり、それぞれが一人前を要求するようになって私たちの財政負担が大きくなったからです。それだけでなく、冬・春・秋・冬というカニのおいしい時期の四回きりですから、食欲が大いにそそられるためです。

その時、私たちが注文するのはカニ料理のフルコースで、焼きガニ、カニの刺身、茶碗蒸し、カニの天ぷら、そしてカニすきです。もうこれ以上食べられないと満腹した気分になるのですが、さらに最後のカニすきの出し汁を使ったお粥を注文します。そうすると、満腹しているのにお粥がちゃんと平らげられるから不思議です。「旨いものは別腹だからね」と言っているのですが、「別腹」は果たして本当なのでしょうか。

お腹が満腹状態にあるという場合には、二つのケースがあります。一つは、腹八分目でまだ胃には食べ物が入る余裕はあるのだけれど、脳が満腹と感じている場合です。もう一つは、実際に胃の中に食べ物がいっぱい溜まっており、これ以上入らない場合です。

前者は、食べ物に含まれるデンプンが消化・吸収されて血液中の糖分が高くなり、脳の前頭葉にある満腹中枢が食欲を抑えるように働いている状態です。エネルギー源となる糖分を摂り過ぎないよう、腹八分目くらいのところで脳がブレーキをかけているのです。脳は体のことを考えて警告を与えているのでしょう。

ところが、大好きなものやおいしいものを目の前にすると、脳の満腹中枢のスイッチが切れ、化わって摂食中枢が働き始めるのです。グレリンと呼ばれる食欲を刺激するホルモンは満腹中枢が働くと通常は減っていくのですが、摂食中枢が働き始めるとグレリンは減らないので満腹感を感じにくくなります。一方、レプチンというホルモンは満腹中枢が働くと分泌が増えて食欲を抑えられるのです。ところが、反対の動きとして、摂食中枢が働くとレプチンの分泌が減って食欲が持続することになります。グレリンは減らないのにレプチンが減るため、残っている二分目の腹に詰め込めるというわけです。

後者の場合も実際に別腹が働きます。胃が食べ物でいっぱいになっていても、脳がなおも食べようと判断すると、摂食中枢からオレキシンという神経ペプチド（細胞間の神経伝達物質）が分泌されるのです。オレキシンは「食欲」を意味するギリシャ語オレキシスが語源であるように胃の働きを活発化させ、胃に溜まっていた食べ物を小腸に押し出すのです。その結果、胃にすき間ができ、まだ食べられるというわけです。

肉や魚が中心の洋食では糖分が比較的少ないため、デザートで甘いものを見ると脳が欲しがってオレキシンの分泌がいっそう活発になります。分厚いビフテキを食べても、デザートで果物やケーキがすらすらと食べられるのはこのためです。

以上から、別腹には科学的な根拠があることがわかりますね。俗説ではないのです。おそらく別腹は、いつも飢餓の恐怖におびえていた人類の祖先が、食べ物がある間には可能な限り多く摂っておこうとして獲得した能力なのでしょう。しかし、飽食の時代の現代にあってはメタボの危険性があります。現代には腹八分目で止めるよう脳がブレーキをかけたときはそれに従い、別腹もほどほどにするのが賢明のようです。

と言いつつ、一年に四回だけのことだからと言い訳して、いつもお粥を別腹いっぱいに詰め込んでしまう私たちです。（財布と）健康には十分注意しながら、カニ料理を楽しむ日を指折り数えている私たちです。

（二〇二一年十月十五日４１７号）

08

その美しさに感動する腸内フローラ

私は四年に一回程度、腸の内視鏡検査を受けることにしています。昔、便に鮮血が混じっていたことから内視鏡検査を受け、直腸に大きな腫瘍《しゅよう》が見つかって切除したことがあり、以来定期的に検査を受けるようにしているためです。検査の度に内視鏡で映し出される自分の腸の中の姿を見ているのですが、まるで手入れの行き届いた植物の群生が次々と続いているようで、自分の腸なのに、その美しさに感動してしまいました。腸内にはおよそ一二〇〇兆個以上もの多種多様な細菌が生息しているそうで、バランスを取りながら腸内環境を整えているためお花畑が広がっているように見えるので、「腸内フローラ」と呼ばれています。

この腸内細菌には、「善玉菌」と呼ばれる腸の活動を活発にして食中毒や病原菌の感染を予防する菌（ビフィズス菌や乳酸菌など）、「悪玉菌」と呼ばれる腸内のタンパク質を腐敗させて有害物質や発がん物質を産生する菌（ウェルシュ菌や病原性大腸菌など）、そして「日和見菌」と呼ばれる善玉菌と悪玉菌の優勢な方の味方をする、腸内で一番多く存在する菌（非病原性大腸菌やバクテロイデスなど）があります。健康な状態とは善玉菌が優勢で悪玉菌が劣勢のときで、このような状態では日和見菌はおとなしくしているのです。悪玉菌が優勢になって体調を崩すと日和見菌も加わって悪い働きをするので、いっそう体調が悪化することになるわけです。そこで健康状態を維持するためには、善玉菌そのもの、あるいはその栄養源となる食物を積極的に摂るのがよいとして、さまざまな栄養補助食品（サプリメント）が売り出されるようになりました。

ビフィズス菌など善玉菌の勢力を増やすために送り込む〝援軍〟を「プロバイオティクス」と呼んでいます。小腸では免疫システムを刺激して免疫力を上げ、大腸では腸内細菌のバランスを整えて便秘や下痢を防ぐという効能があるそうです。他に、消化吸収を助けるとか、血中コレステロールを下げるという働きもあり、まさに腸内環境を整えるのに役立ちます。だから、プロバイオティクスを程よく食べたり飲んだりすれば、善玉菌が活性化して体調を整え、肥満を抑え、自己免疫に関わる病気に効果があると宣伝されています。

プロバイオティクスを含む食品には、ヨーグルトや乳酸菌入りの飲料、納豆やキムチなどの発酵食品や漬物が主なものです。むろん、善玉菌の代表であるビフィズス菌や乳酸菌を生きたまま錠剤にしたサプリメントを飲用する方法もあります。ただ、プロバイオティクスはあくまで〝援軍〟であることを忘れてはなりません。腸内には自前のビフィズス菌や乳酸菌が住み着いており、外から補給したものは役目を終えると便とともに排出されてしまいます。つまり、必要以上にサプリメントを摂ってもトイレに直行するだけなのです。

これに対し私が推奨するのは、善玉菌の栄養源となる「プレバイオティクス」と呼ばれる食品です。自前の善玉菌を増やすための〝援助食〟となる食品のことで、アスパラガス・ゴボウ・バナナ・ムギなどに含まれるオリゴ糖や、野菜類・果物類・豆類などに含まれる食物繊維が代表的です。いずれも日常の食品に含まれる栄養物をバランスよく摂る過程で、自前の善玉菌を自然に増やせるという長所があるのです。

もっとも、オリゴ糖や食物繊維（プレバイオティクス）は人間が持つ消化酵素では分解できないため、善玉菌（プロバイオティクス）が持つ分解酵素を利用するのがよいとして、両方合わせて摂ることを「シンバイオティクス」と言うそうですが、私はサプリメントを買わせるためのメーカーの作戦ではないかと疑っています。きちんと栄養を考慮した食事を摂る中で、善玉菌が自然に増えていく方が「腸内フローラ」のために良いことは言うまでもないからです。ところが、人間はだんだん気が短くなって、すぐに善玉菌を増やそうとの欲を出してサプリメントに手を出してしまうのでしょう。急がば回れを忘れないことです。

（二〇二一年二月十五日401号）

09

人の心を惹きつける香りの効用

人工的香りで化学物質過敏症

人類は生活に潤いをもたらすために、古来、芳香を利用してきました。クレオパトラがアントニウスを誘惑した船には、麝香《じゃこう》とジャスミンの香りが充満していたそうです。英国の作家キプリングは「人の心の琴線に触れるには、音や光景より香りの方が確実だ」と書いています。良い香りが人々の心を惹きつけるのに加え、ほかにも香りの効用がいろいろあるとわかってきました。

職場にラベンダーの香りを漂わせると気が散らなくなり、コンピューターのオペレーターがミスをする確率が激減したそうです。また、ラベンダーとカモミールを混ぜた香りがストレスを減らし、バジルとペパーミントとクローブの香りは職場のやる気を喚起するという報告もあります。これらは、香りによって気分が高揚し、仕事への意欲を増進させる効用があることを示しています。

子ども服の店では、シナモンとホットアップルの香りを漂わせることによって、売り上げ上昇に寄与しているそうです。靴屋さんでは、花の芳香を漂わせているとナイキの靴を買う際、より高い商品を喜んで支払う傾向があるとされています。パン売り場で焼き立てのパンの香りが大々的に流されていると、つい買ってしまった経験をお持ちの方もおられるでしょう。いずれも、香りが消費者の購買欲を刺激し、思わず手を出させてしまうのです。

英国のある通販会社は、請求書に男性の腋《わき》の下の匂いを沁み込ませて送りつけるそうです。すると、七割以上の顧客から早々に代金が支払われるとの報告があります。請求書の匂いから、とにかく早く処分してしまいたい、という気分になるのでしょう。そこで、青年と老婦人に頼んで腋の下に十時間ほどガーゼのパットをつけてもらい、そこから抽出した匂いを学生たちに嗅がせ、どんな気持ちかを聞き取り調査したことがあります。すると「若者の匂い」には気持ちを滅入らせる効果があることがわかりました。先の請求書の匂いから解放されたいとの気持ちと同じだと考えられます。一方、「老婦人の匂い」には気持ちを上向きにする効果があることがわかりました。懐かしきおばあちゃんの香りで、気持ちが和むのかもしれません。ならば、「おばあちゃんの香り」の香水を売り出せば、案外よく売れるかもしれません。香りにはひそかな効用がさまざまあることがわかりますね。

一方、人工的な香りを放つ化粧品や柔軟剤、合成洗剤や消臭剤などの製品に含まれる化学物質によって、頭痛や吐き気、咳や目眩《めまい》などの症状を訴える人が多くいます。香りは効用とともに人体に健康被害を及ぼしかねないのです。特に二〇〇〇年代に入ってから、過剰な香りに悩む人が増加しており、「化学物質過敏症」と呼ばれるようになりました。これは人工的に合成された化学物質が原因であろうと推定されています。「過敏症」という呼び方は、香りに特に鋭敏な人たちの特殊な病気との意味が強いのですが、今や誰もが罹《かか》る病気で「敏感症」と呼ぶべきかもしれません。さらに、人工的に合成された化学物質の複合汚染が原因であろうと推定されるので、「公害」と同様の「香害」という呼び名の方が相応《ふさわ》しいと言う人も増えています。

これまで、日本消費者連盟に事務局を置く「香害をなくす連絡会」が、消費者庁と国民生活センターなどと面談して意見交換を行ってきました。二〇二二年二月の参議院では、当時の岸田文雄首相が香害について「必要な研究を進めるとともに、公的な場での香りへの配慮の周知を進めていかなければならない」と述べましたが、例のごとく体《てい》のいいリップサービスで、実際の研究は進んでいません。健康に害を及ぼす化学物質が微量であり、多種類の化学成分が混在していて明確にこれが原因物質だと特定することが困難で、そのため香り物質と健康被害の因果関係が科学的に証明できないため、という言い訳が使われています。

過剰な化学物質の使用が人体に悪影響を与えることに、私たちはもっと敏感になる必要がありそうですね。

（二〇二四年四月十五日４７７号）

10

ガムを噛む効用

日本では平安時代の頃から、元日と六月一日は「歯固めの日」と決められていたそうです。その日には硬い餅や昆布など歯ごたえのあるものを食べ、みんなが健やかに暮らせるよう家族の長寿と健康を祈る風習があったそうです。普段から歯の根を固めておくことが長生きをする大事な条件だと考え、噛むことの大事さを伝えようとしたのでしょう。食生活が変わった結果、現代人の咀嚼力は昔の人に比べて、ずいぶん弱くなったと言われています。そこで日本チューインガム協会が噛むことの大切さを訴えるために、一九九四年より六月一日を「チューインガムの日」と制定したそうです。人々の健康を祈って「現代の歯固めの日」を呼びかけ、さまざまなチューインガムを売って商売の繁盛を図ろうというわけです。

噛むという行為は唾液の分泌を促します。唾液には消化を助ける酵素が含まれていますから、食べ物の消化を促すことになり、健康に寄与することは確かです。そもそも噛むこと自体、食べ物をすり潰すことですから、消化しやすくしているのです。さらに、唾液が口の中の細菌の増殖を抑えて粘膜を保護する役割を果たしており、唾液の分泌は口の中の健康を維持するバロメーターになっています。緊張すると、唾液の分泌が減って口の中がカラカラに渇く「ドライマウス」になりますが、そんなときにガムを噛むと、唾液の分泌が促されるのでリラックスするきっかけとなります。また、ガムを噛むことで唾液腺をいつも活性化しておけば、精神的に余裕ができるし、食事もおいしく、消化にもよいわけです。

もう一つのガムの重要な効用は、噛むことが脳に作用して脳内物質であるセロトニンの分泌を増やすので、ストレスが緩和されることです。野球の選手が、いつも口をもぐもぐさせてガムを噛んでいる姿を、私は真剣さが足りないと思って見ていたのですが、それは間違いでした。人はずっと緊張をし続けると、かえって心の空白が生じてポカをすることが多くなります。むしろ余裕を持って対処して、肝心のときに全力集中できることが重要です。だから、いざ打席に立つときや、投手が投球動作に入るときは噛むのを止め、頬っぺたの裏側にガムを押し付けて顔を膨らませているのです。このように、普段はガムを噛んで自然体となって緊張感を和らげ、肝心のときに集中力を高めているのでしょう。むろん、それは野球のような緩急が交互にくるスポーツで言えることですが。

そう言えば、私たちもイライラした気分のときにガムを噛むとリラックスした気分になりますね。何かの思いがけない音でびっくりさせられたとき、血圧が上がったり、脈拍が増えたりしますが、ガムを噛むとすぐに正常な値に戻ることが知られています。

そこで、ガムを噛んでいる人の脳内の様子をＭＲＩ（磁気共鳴画像法）で調べたところ、血流が増えて脳細胞が活性化していることがわかりました。ガムを噛んでいるだけで脳が元気になっているのです。特に、記憶に関わる「海馬」と呼ばれる部分の活動度が高まっており、記憶力をアップすることにつながっていると考えられています。ガムを噛んで口を動かしていると、心が空《うつ》ろになっていると思われがちですが、そうではなく、むしろ噛むことが脳に対して、次に何をしようかと待ち構えさせているようなのです。

実際、お年寄りの記憶力を調べる実験では、ガムを噛んでいないときより、たとえ二分間であってもガムを噛んだ後の方が成績は良かったそうです。その実験からガムを噛むことが認知症の予防効果があるとされています。しかし、ちょっと期待しすぎではないでしょうか。歯が抜けて入れ歯や差し歯になってしまうと、ガムがくっついてうまく噛むことができませんから。

ガムを噛むことは、よく知られているように、歯茎や顎の骨を丈夫にするという効用や、虫歯予防や空腹感を和らげてくれる効果もあります。平安時代の歯固めの風習を、今ガムが復活させていると言えるかもしれません。

（二〇二三年十一月十五日４６７号）

11

第三の脳、皮膚感覚

時々、「自分は皮膚感覚で生きている」と豪語する人にお目にかかることがあります。長年の経験で身に着けた皮膚勘ともいうべきものが働いて、実際の証拠が何もないのにウソを見破ったり、データも見ずに儲け話に乗って成功したりして、満更ウソではないような気にさせられます。事実、皮膚にはさまざまな外部を認識する受容細胞があり、それによって知覚した感覚を「勘」と言っているのでしょう。何しろ皮膚は「第三の脳」と呼ばれることがありますから。

私たちの体の表面を覆っている皮膚は、成人でほぼたたみ一畳分ほどの面積があり、大人の場合、重さは約3kgもあるそうです。体重の二十分の一ほどもの重さを占

指感覚の錯覚：ストライプと隣り合う真ん中の滑らかな面を指でなぞると
窪んでいるように感じるので試してみてください

め、外界に直接接触するのですから皮膚は実に重要な臓器と言えるでしょう。その構造は、外側から順に表皮、真皮、皮下組織の三層になっており、その中に血管・リンパ管・神経系・皮脂腺・汗腺などの付属器官が働いているのです。

皮膚の第一の役割は、体内を外界から遮断して水分の喪失や透過を防ぎ、体内の水分を保持してくれることです。火傷などで皮膚の三分の一以上が失われると死に至るのは、体液が流出してしまって生理機能が維持できなくなるためなのです。もう一つ大事な皮膚の役割は、外部から埃や細菌などの異物が体内に侵入するのを防ぐことにあります。この二つの重要な役割を担うのが、１㎜の数十分の一という厚さの「角層」と呼ばれる皮膚の一番外側の部分です。この角層には約20～30％の水分が含まれており、その保湿機能によって潤いのある、つやつや肌が保たれています。角層の水分が10％以下になると硬く脆くなり、ひび割れなどが起こるので要注意です。

さらに、私たちの皮膚は温度（熱）・光・圧力・傷み・乾湿・化学物質の刺激などを感じています。表皮部分がセンサーとなって信号を脳に伝え、体の安全を保っているのです。暑くなると汗をかくし、毛細血管が収縮して体温を調節するとともに、皮脂腺から不飽和脂肪酸が含まれている皮脂を排泄して、細菌の増加や感染を防ぐ作用があります。意識せずに働いている皮膚の微妙な働きに感謝すべきですね。

それらに加えて、皮膚は触覚・痛覚・温覚などの、体表面に存在する感覚細胞によって受容される敏感な知覚を備えています。包丁で指先をほんのちょっと切ったときや熱いヤカンに触れたとき、思わず手を引っ込めるのは痛覚や温度覚が鋭敏なためで、体にかけられた危害を瞬時に感じ取って防御の態勢を取らせるのです。それに比べると触覚は一見鈍そうですが、そうでもありません。髪の毛を触ったとき、キューティクルが整った髪とキューティクルがぼろぼろに剥がれた髪の毛を簡単に区別できる人も多いでしょう。目では違いは見えないのですが、10ミクロンの大きさの毛髪の柔軟性を皮膚の触覚は感じ取っているのです。手で触っただけで、ボールベアリングの球からのミクロンレベルのズレを察知する職人の技となるともはや神技ですが、触覚も鍛えれば鋭敏になっていくのです。

しかし、そんな触覚にも錯覚があります。たとえば、エッシャーの騙し絵に、現実にはあり得ないのだけど目で見るだけではどこがおかしいのかわからない、そんな図がありますね。これは目の錯覚で、実際には起こり得ないことでも、脳は経験から推測して視覚図を修正し正常に見せようとするためです。同じ長さの線分なのに端に描かれた矢印の方向が逆になっているだけで、長さが違って見える錯視図形も有名です。

これと似て、丸く円を描いたパターンを印刷した紙を手で触ったとき、丸い部分に沿って指を滑らせると何も感じないのに、横切るように指を滑らせると段があるような感じがします。また、イラストのように面（ストライプ）と隣り合っている真ん中の滑らかな面を指でなぞると、真ん中の線が窪んでいると錯覚します。脳が先回りして無意識のうちにその差を感じ取らせているのです。

皮膚感覚に自信がある人でも、錯覚があることを覚えていた方がよさそうですね。

（二〇一八年九月十五日３４３号）

12

薄毛と抜け毛が気になっても

本当に実在するのか知らないのですが、「全米禿頭協会」という団体があって、その会則には「頭骨の内と外にある体の組織の重量の積は一定」という法則が書かれていると知人から聞きました。それだけでは何のことかおわかりにならないでしょうから解説しますと、「頭骨つまり頭蓋骨の内にある組織とは脳細胞のことで、その重量と頭蓋骨の外にある組織である毛髪の重量を掛けた数は一定」という法則なのです。つまり、「頭の毛がふさふさの人間の脳細胞は軽く、禿げ頭の人間の脳細胞は重い」と言っているのですが、その意味は「頭髪を失うことを悲しむことはない、頭が禿げるにつれ脳細胞は増えて分別がつくのだから」と薄毛の人を励ましているのです。もっとも、完全に髪の毛を失って丸禿げになると脳細胞は無限大になってしまいますから、この法則には適用限界があります。そこで今では、「神は公平である。ある人々には髪の毛を、またある人々には脳をお与えになったのだから」と穏便に言い換えているそうです。

私のような年齢になると誰もが薄毛になり、ついこんな負け惜しみを言いたくなるものです。特に男性の脱毛は進行するのが早く、男性ホルモンであるテストステロンの濃度と相関があるのではないかと疑われました。人権問題として議論があるのですが、レイプ魔として逮捕され化学的に去勢されたある男性には一卵性双生児の兄がいて、善良な兄はテストステロンの分泌が多くてツルツル禿なのに対し、去勢されて男性ホルモンの分泌が少ない弟の毛髪はフサフサでした。

調べた結果、テストステロンが5α—リダクターゼという酵素によってジヒドロテストステロンという代謝産物に変えられ、それが髪の毛が成長する毛包組織の活動を抑えることがわかりました。つまり、テストステロンそのものの濃度とは直接関係なく、5α—リダクターゼという酵素の働きが活発だと禿げやすいのです。そこで、この酵素の働きを効果的に抑制する薬ができれば、男性型脱毛を阻止することができるという仮説が提出されました。研究の結果、「服用する育毛剤」が実現し、薄毛の悩みに応えられるようになりました。とはいえ、この飲み薬は万人に効くわけではなく、人によって効き目は大きく異なるようです。そのため、誰にでも効く「夢の育毛剤」はまだ夢のままであるようです。

この酵素の働きとは関係なく、九月になると抜け毛が多くなります。その原因は、季節の変わり目になると犬や猫の毛が生え変わりますが、それと同じで、動物が次の季節を迎えるための準備をする生理現象とされています。人間も動物ですから、遺伝子に季節変化を察知する能力が書き込まれているのです。人間は文明の力で居住空間の環境条件を一定にしてきましたが、遺伝子はそう簡単に変わりませんから、体は季節ごとに寒暑への対応をしているのでしょう。

髪の毛は、毛母細胞の毛球と呼ばれる根っ子の部分が太くなって毛包が伸びる成長期が2～6年続き、その後毛球が細くなって毛包が縮む退行期が二週間ほどあってから脱毛し、そのまま3～4ヵ月休止してから再び発毛する、というサイクルを繰り返しています。通常、成人の髪の毛は約十万本あり、この発毛・脱毛のサイクルを2〜6年とすると、大ざっぱに750〜2000日程度で入れ替わっていることになり、一日で平均50〜130本前後抜けていることになります。知らない間にこんなに抜けているのです。

九月に抜け毛が増えるのには、また別の理由があります。①夏の強い紫外線の影響で頭皮の細胞が老化したため、②暑さが原因の睡眠不足や栄養が偏った食事が続いて体の代謝機能が低下したため、③熱帯夜が続いて自律神経のバランスが乱れ、血流が悪化し毛髪にまで栄養分が届かないため、というような原因が考えられます。それらの原因が積み重なって、先に述べた酵素を活性化させることになるのです。

薄毛・禿げ頭は動物としての自然な老化現象ですが、なんとかして押し止めたいと涙ぐましい抵抗を続けるのは、人間の空しい性なのでしょうか。

（二〇二三年八月十五日461号）

13

難聴は認知症を昂進する？

何度も聞き返さないと、相手の言葉の意味がよく聞き取れないことが多くなり、難聴気味になったことを自覚したのは二年前でした。ラジオの音楽番組を聞いても名曲に聞こえず、落語のCDでは落語家の声が歪んでしまって笑えなくなったのです。慌てて耳鼻科に駆け込んで、どの波長帯で聴力が落ちているかを測定してもらい、専門店で補聴器を購入しました。それで簡単に難聴は解決と思いきや、そうではありません。補聴器によってよく聞こえるようになるためには、六ヵ月間、必ず一日六時間以上つけて、微調整しながら耳に馴染《なじ》ませなければならない、と知人が教えてくれました。しかし、普段はラジオかCDでクラシックを聴きながら執筆する時間が多いので、補聴器をつけるのが煩《わずら》わしく、つい外してしまいます。そのため補聴器が耳に馴染む暇がないので、その効用があまり感じられず、つい補聴器をつけなくなる、という悪循環で難聴が進む一方になりました。

そのような折に、医学雑誌に難聴が認知症を昂進させるという気になる論文があることを知りました。耳の聞こえが悪くなることと認知能力の低下とが強く相関していることを示しているのです。難聴になって私の認知機能も落ちるのでしょうか。心配になって調べてみると、二つの有力な仮説が提案されています。

一つは「カスケード仮説」と呼ばれているものです。耳から入ってきた音は鼓膜から聴覚神経を通じて脳で情報処理をしています。この過程で、難聴で耳から入る音の「入力」が減ると聴覚神経の活動が低下し、そのため脳の活動度も下がることになります。その結果、認知能力も低下していくわけで、聴力低下が認知能力の低下にカスケード的に（連鎖的に拡大して）起こるという仮説です。要するに、聞きづらくなると聞こうとしなくなり、脳も働かなくなるのです。

もう一つは「認知負荷仮説」で、脳が担っている負荷（仕事）には、耳から入ってくる音の処理と認知のための作業の二つがあります。難聴で聞こえにくくなると聴覚の負荷（仕事量）が大きくなりますから、認知作業に使われる脳の領域が小さくなり、必然的に認知能力が下がるという仮説です。難聴になると脳の処理能力の多くが聴力に使われるので、認知作用がなおざりになるというわけです。

この二つの仮説のいずれであれ、聴力機能が衰えると認知機能に悪影響を及ぼし、認知能力の低下につながるとの指摘は共通しています。

ところで、加齢による難聴には聴力機能の衰えがありますが、耳垢が溜まり過ぎて聞こえが悪くなっている場合もあります。通常は、耳の入り口に当たる「外耳道《がいじどう》」では耳垢を外に押し出す自浄作用が働くのですが、加齢とともにこの作用が低下して耳垢が溜まりやすくなるのです。認知機能が下がっている高齢者では、耳の不快感に気づきにくくなり、あまり耳掃除をしなくなっています。すると、さらに耳垢が溜まって聴力が下がり、認知機能の低下がいっそう進行する、といった悪循環が生じている場合があります。逆に言えば、補聴器を使いこなし、耳垢をきれいに取り除けば聴力が向上し、それによって認知機能が回復する可能性もあり得るのです。耳の聞こえがよくなると家族との会話も弾み、認知症になりにくくなるという「良循環」となるわけです。

私の場合、耳鼻科に診てもらったところ、外耳道はきれいなので耳垢が溜まっている問題はなさそうです。ただ、私の難聴は、声は聞こえるのだけれど言葉の分解能（識別する能力）が悪くなり、何を言っているのかが理解できないというタイプの難聴です。相手に、ゆっくり、明晰な発音でしゃべってもらえばよく聞こえるので、聞き返す必要がないのです。もっとも、名曲が迷曲になって聞こえるのは、聞き取れる波長帯が異常になっているようです。このような聴力障害には、補聴器の波長毎の感度の微妙な調節が必要なようで、補聴器を使いこなすまで、私の認知能力が下がらないよう祈るばかりです。

（二〇二四年七月十五日４８３号）

14

ほんわか、ほっこり入浴剤

日本には全国に温泉が二万四千以上はあるそうで、ひとつひとつ湯の成分や温度や色合いや香りや塩分の量が異なっており、それぞれ独特の湯触りがあります。それをまねて作られているのが入浴剤で、体への特別な効果のある成分をも含む商品が販売されています。お湯に入って目をつむれば、そのまま温泉に入っているのと同じで、今日は草津温泉、明日は箱根の湯と毎日異なった温泉気分が味わえるのは楽しいことです。さらにお肌をすべすべにし、保温や保湿効果もあって体調を整えてくれるので重宝です。

入浴剤は、早くも明治三十（一八九七）年に始まった「クスリ湯浴剤中将湯《ちゅうじょうとう》」が最初だと言われています。婦人病によく効く薬である「中将湯」を製造販売していた会社の社員が、生薬の残りカスを風呂に入れてみたら、冬は体が温まり、夏はあせもが消えると評判になり、銭湯向けに発売するようになったのが始まりのようです。まだ家庭風呂には縁がなかった庶民にとって、銭湯は単に湯につかって体を洗うだけの場所ではなく、ほんわか、ほっこりした気分を楽しみつつ、四方山《よもやま》話の花を咲かせる社交の場でもありました。入浴剤は銭湯でも大いに評判になったことでしょう。

といっても、日本ではミカン湯とかユズ湯とか菖蒲《しょうぶ》湯とかが昔からあったように、お風呂に植物の実や葉を入れてその香りを楽しむとともに、それらに含まれている薬効成分が溶けだして体によい作用をし、入浴で元気になることが知られていました。だから、手軽でいつでも使える入浴剤の登場は大いに歓迎されたことは言うまでもありません。

生薬をそのまま使うのではなく、温泉の成分を分析して、無機塩類である硫酸塩(芒硝《ぼうしょう》)と炭酸塩(重曹)を主成分にした「湯ノ花」が発売されるようになったのは昭和五(一九三〇)年で、現在と同じ粉末として売り出されました。以来、漢方やハーブなどを含んだ薬効のあるものまで含め、実際の各地の温泉成分を再現した入浴剤が売り出されるようになったというわけです。

お湯に溶かすとぶくぶくと炭酸ガスを出す重曹が入った入浴剤が、体全体を温めてくれるので人気です。実際、単に水を温めただけの39度のさら湯と、入浴剤入りの同じ温度のお風呂に、十分間ずつ全身浴をした後の体温を比べた実験があります。その結果、入浴剤入りの方が皮膚の温度が明らかに数度高く、その状態が一時間近くも続くことが証明されました。

その理由は以下のように説明されています。炭酸ガスが全身の表面から体に沁み込んで血管に入ると、血液中の炭酸ガスはいわば毒物ですから体から早く排除しようと、血管が膨らんで血流が大きくなります。その結果、お湯の熱が全身に運ばれ、新陳代謝が促進され、体全体のぬくもりが持続するのです。血液中の炭酸ガスは肺に運ばれてから体外へ出ていくので害はありません。

炭酸ガスと同様に、血流を増やして体を温める効果が高い成分として硫化水素（硫黄）があります。硫黄の匂いはいかにも温泉気分を抱かせてくれますが、それだけでなく炭酸ガス同様血行を良くする効果があるのです。一方、硫酸塩や塩分は、皮膚の表面を薄いベールで包むようになって、熱の発散を抑える「保温効果」が知られています。もっとも、実際にベールのようなもので包まれるということは、直観的な表現で科学的に証明されていません。しかし、硫黄泉に浸かるとすっぽりベールをかぶったように感じて、温かさが保たれているような気がしますね。事実シャワーで洗い流さない方が、保温効果が長く持続することが証明されています。さらに、硫黄成分は皮膚の表面の角質を溶かすので、顔を洗うと肌がすべすべして翌日まで持続し、まさに面紗《めんさ》（ベール）に包まれているような気にさせてくれます。

入浴剤は小手先の模造温泉に過ぎないと文句を言わず、私たち庶民のささやかな贅沢として楽しむのがよいのではないでしょうか。

（二〇二四年八月十五日４８５号）

15

笑いの効用と人間関係の調節

人間は笑う唯一の動物です。わが家の飼い犬は、散歩に出かけるとき、尻尾を盛んに振り、頭を上下させて喜びを示しますが、顔の表情は笑っていません。チンパンジーは、時折笑いらしい表情を見せますが、服従の意を表す場合だけのようです。それに比べ、赤ん坊を抱き上げると、キャッキャッと嬉しそうに声を上げ、目尻が下がり、頬がゆるんでいます。笑うためには、緊密につながっている顔の筋肉を動かすのにエネルギーが必要であることを考えれば、笑いは相当高度な能力と言えるでしょう。

体と心は強く作用し合っていて、快く笑えば体によい効果を与えることはよく知られており、病院や老人ホームを回って人々を笑わせてストレスを発散させる「笑い療法士」が登場するようになっています。不安や恐怖などのストレスがかかると、さまざまなホルモンが血液中に分泌されて血管収縮や血圧上昇などの症状が出るのですが、笑うと、ストレスに関わるホルモンの分泌が抑えられるようです。落語を聞いた後では、関節リウマチ患者は症状が改善し、糖尿病患者では血糖値の上昇が抑えられるらしいとの報告があります。笑いは病気に対抗する治癒効果を引き起こすのです。そこで、笑いの癒やし効果を調べる実験が多く行われるようになりました。

例えば、健康な人を寄席に招待し、その前後で脳波がどう変化するかを調べました。すると「楽しかった」と答えた半分近くの人のα波とβ波が増えたという結果が得られました。α波はリラックスした気分のとき、β波はやる気が起きたときに多く出る脳波で、心が柔らかくなり、気力も高まったと言えるでしょう。このようなデータは多くあるのですが、患者さんを被験者にして、ストレスホルモンの分泌がどう変わったかなどのテストでは、先のようにまだ定性的な結果しか得られていないそうです。笑いが脳を刺激して肉体に反応させ、癒やし効果としてどう具体的に現れるかは医療の課題となっています。

一方、人間関係に対する笑いの役割も非常に重要です。そもそも人類の笑いの最初は「微笑み」で、他者に対して自分は無防備であることを示し、自らの誠実さをアピールするためであったと考えられています。やがて、人間関係を調節するシグナルになりました。自らをいっそう魅力的に見せるため、そして友好関係を強めるために笑いを利用するようになったからです。笑いは「進化」してきたのです。

微笑みは「わざとつくる」ことができますね。そのことを人々が知ると微笑みは誠実さのシグナルではなくなり、「バカ笑い」に取って代わられました。バカ笑いは悪意のない自分を曝け出していると思わせるので、相手に安心感を与え、自分もそれによって心の安寧を得ることができるのです。

こんな実験があります。被験者を、一人の場合、友人と二人の場合、知らない人ばかり三人の場合、の三つの組み合わせにして喜劇映画を見せ、その笑いぶりを観察したのです。すると女性は、一人のときや女友達と一緒のときは抑えた笑いになるのに対し、男友達と一緒のときの方がよく笑い、それも知らない男性と一緒のときには一段と甲高く笑ったそうです。男性の場合は、男友達と一緒のときに最もよく笑い、それもバカ笑いでありました。

さて、男女の笑いの差は何に由来するのでしょうか。女性の場合、よく知らない男性は肉体的にも性的にも脅威ですから、高らかに笑って男性の気分を良くさせておけば自分は安全、という心理が働いたのでしょう。男性の場合は、見知らぬ男には敵愾《てきがい》心《しん》を持つが、友だちとの間には仲間意識を感じ、バカ笑いで絆を強めたいとの心理が働いたのではないかと推測されます。

とすると、笑いが進化したのは、人類が顔をつき合わせて集団生活をするようになってからと考えられます。では、人々と目を合わさず、ひたすらスマホの画面を見るだけの人類になりかねない現代では、笑いはどのように進化するのでしょうか。

（二〇一九年十月十五日３６９号）

16

塗り絵が流行っているのはなぜ？

この数年、塗り絵が流行しています。かつては幼児向けの子どもの遊びであったのですが、脳への刺激になるとして作業療法や老化防止に一役買うようになったからです。さらに、二〇一二年頃からフランスでコロリアージュ（フランス語で「着色」とか「彩色」という意味）と呼ばれる、デザイン性が優れた繊細な塗り絵が人気になり、それが日本に輸入されて年齢を問わず女性たちの人気になっているようです。

子ども向けとしては、動植物や風景、漫画やテレビのキャラクターを簡略化して太い線で描いた絵柄が使われ、そこに塗り絵で着色することを通じて色彩感覚を育てるとともに、枠の中に収めるように塗ることで筆づかいを学んでいくという効用で人気がありました。ところが、逆に子どもが自由に描くべき絵を枠にはめて表現力や創造力が育つのが阻まれるとの批判があり、一時下火になっていました。しかし、草は緑、土は茶色、太陽は赤などと色の強制はせず、子どもに気に入った色を選ばせ、枠からはみ出ても自由に描かせ、なぜそんな絵にしたのかのコミュニケーションの材料にするというような使い方が買われ、また復活しつつあるようです。

一方、リハビリテーションのための作業療法としてアートセラピー（絵画療法）があり、その一つとして塗り絵が採用されています。絵の上手下手は治療を受ける病気にあまり関係しないので絵に対する心理的障害が低く、自由に彩色させて、そこに心理的葛藤を読み込んで治療法に活かすというわけです。

老化防止のために塗り絵が有効であるのは、塗り絵の作業では脳全体を使っていることがわかってきたためです。塗り絵には原画と下絵（輪郭だけを描いたもの）があり、それを認識するのが脳の後頭葉という部分です。例えば、北斎の富士山を描いた版画と色がついていない下絵とを比べるよう促すと、その違いを把握しようと脳が活動します。原画を見て色や形を記憶するのが側頭葉で、全体のバランスを見極めるのが頭頂葉の働きだそうです。このように、脳の異なった部分がそれぞれ原画の全体像を読み取ろうとするのです。

色を塗り始めると、手の動きは前頭葉の運動野が担当し、全体を見ながら完成させようという意欲は前頭前野が担っています。原画と見比べながら塗り絵に熱中すると、脳全体がフルに活性化することになります。

そのためか、塗り絵をし終えたときの脳波を測ると、リラックスしたときに出るアルファ波が増えるのが観測されています。塗り絵をしている間の緊張と塗り絵を完成させた後の弛緩が、ゆったりした快い気分を作り出しているのです。さらに、このとき脳が活性化した証拠であるＰ３００という脳波が現れることから、脳全体が生き生きとした状態になって脳機能が元気になっていることが確かめられています。

単に原画を真似するだけでは物足りない人には、簡単な線分や輪郭線だけを描いて示し、「どこか思い出の土地の様子を描き足してください」とか、「嬉《うれ》しい顔が隠れています、それが浮かび上がるように描き出してください」というふうに、自由に塗り絵をしてもらうように発展させるのが良いそうです。これによって想像力や創造力が喚起され、眠っていた右脳を蘇らせることができるという説もあります。

好きな色でコロリアージュするとなれば、グラフィックス性に富み、アートやファッションにも応用できる絵柄が多いので、お洒落な気分を醸し出して人気です。現代美術にも通じる新しい可能性を孕んでおり、SNSのインスタグラムにいくつも登場しています。富士山を緑に塗り込めるとか、真っ赤に広がる空とすれば思いがけない空想が広がり、現代の北斎になったような気分が味わえるでしょう。

皆さんも、たかが塗り絵と思わないで、老化防止のためだけでなく、自分を表現する新たな手段としてチャレンジされてはいかがでしょうか。そして何より、幼い頃を思い出して新鮮な気持ちを取り戻すことができるかもしれません。


（二〇一九年四月十五日３５７号）

17 免疫力って、なに？

五月に肺と胃の潰瘍の手術の為に、三週間入院したのですが、退院後一週間ほど経ってから帯状疱疹（ヘルペス）に罹り、ずいぶん痛い思いをしました。友人から「病気で入院したストレスで免疫力が落ちていたのだろう」と言われました。そう言えば、新型コロナウイルスが蔓延したとき、「免疫力を高めよう」というコマーシャルがしきりに流されていたことを思い出します。このように「免疫力」という言葉はよく使われているのです（本書でも何回か使っています）が、どうやら正式な医学用語ではなく、単なる日常語のようなのです。病原体から体を守る「免疫系」の仕組みは複雑で、一つの指標だけでその効果を測定するのが難しく、科学的に何を意味する

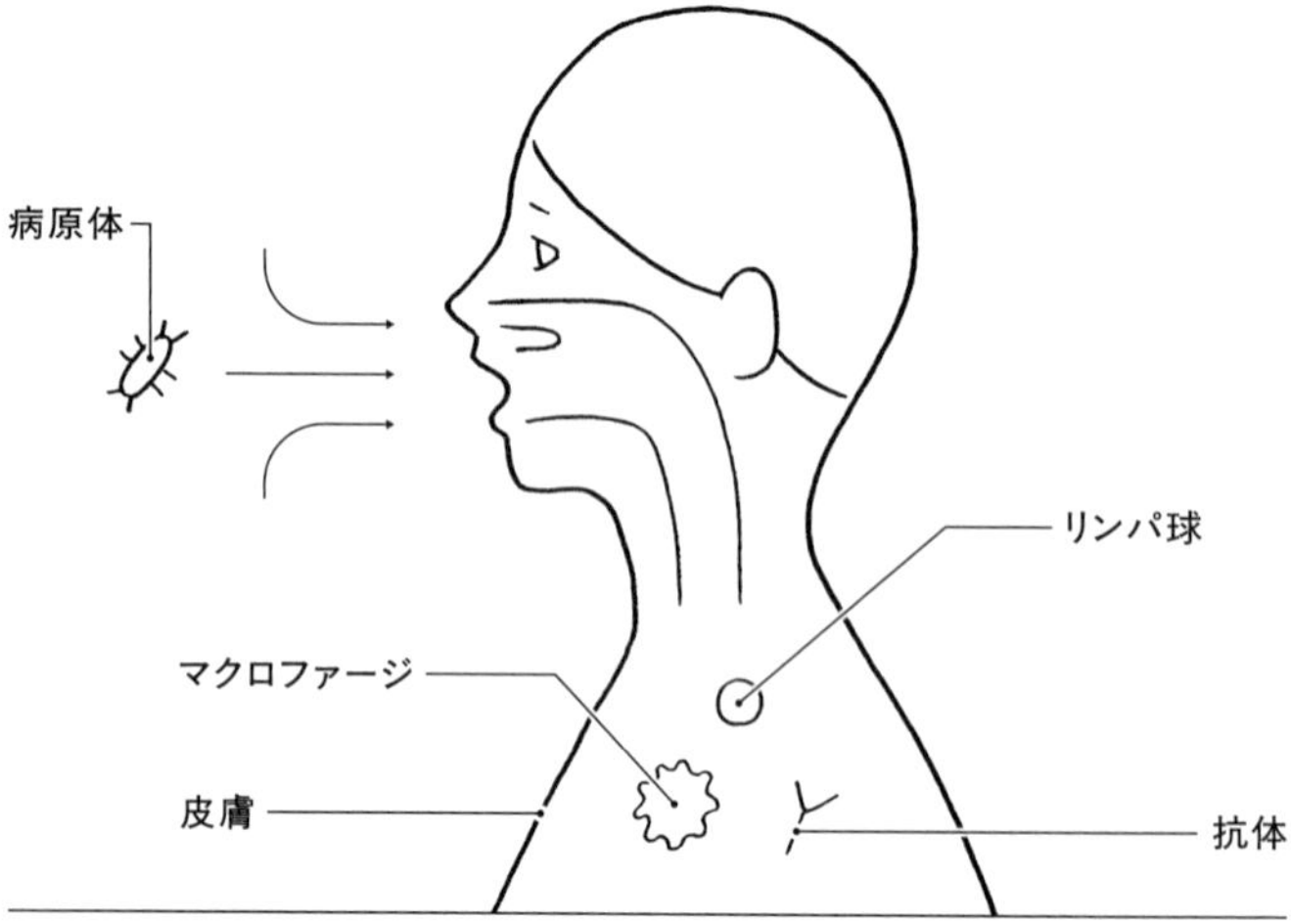

免疫系：病原体から体を守る第2の関門である、病原体を消化する
マクロファージと免疫反応の抗体をつくるリンパ球

かが不明な免疫力という言葉は使わない、ということのようです。

私たちの身辺には、原生動物のような微生物、細菌、真菌（カビ）、ウイルスなど、病気を引き起こす病原体（異物）はいくつも存在します。といって簡単に病気になるわけではありません。体には病気を防御する関門が何重も備わっているためです。その関門のことを一般に免疫系と呼んでいて、通常三つの関門があります。

最初の関門は病原体をブロックする皮膚そのもので、体の内部につながる気道や汗腺では粘膜で物理的に病原体の侵入を防ぎ、さらに分泌される脂や汗には病原体を殺す物質が含まれています。いわば、入り口で病原体をシャットアウトしているわけです。

この関門を潜り抜けて体内に侵入されると、さまざまな種類の白血球が活躍します。その一つであるマクロファージは、病原体そのものや感染した細胞をまるごと食べて消化したり、加水分解酵素を持つ細胞小器官で病原体を分解する働きがあります。また、白血球の別の仲間であるリンパ球に病原体侵入の警報を伝える役割もあります。情報を得たリンパ球は病原体を排除するタンパク質である「抗体」を造り出す免疫反応を行うのです。この関門を「自然免疫」と呼びますが、本来的に（自然に）体に備わっている病原体に対する防御機構です。

最後の関門は、過去に体内に侵入してきた病原体を覚えていて、同じ病原体が再び入ってくると素早く排除する作用で、これが「獲得免疫」です。この免疫作用を引き起こす病原体を一般に「抗原」と言い、免疫系が異物として認識する標的となります。これには二通りあって、抗体は関与せずにリンパ球自身が直接作用する免疫反応が「細胞性免疫」で、リンパ球によってつくり出される免疫グロブリンのような抗体が抗原を排除するのが「体液性免疫」です。この最後の関門が破られると発病することになります。新型コロナウイルスの場合、これまでに経験したことがない抗原ですから抗体をつくることができず、最後の関門をやすやすと通過して大量の感染患者が出たというわけです。

ワクチンは、通常、殺したり、毒性を弱めたりした病原体からつくった抗原のことで、予防接種をして抗体をつくらせることで免疫系を形成しています。イギリスの医師・ジェンナーが天然痘の予防のために、牛痘を使った種痘法を発明したことはよく知られています。今回の新型コロナワクチンは、病原体であるウイルスを使うのではなく、ウイルスのDNA（またはRNA）を人工的に合成してワクチンにしたものです。接種すると体内ではDNA（またはメッセンジャーm RNA）の指示に従ってウイルスの一部であるタンパク質が合成され、そのタンパク質に対する免疫反応を利用して、外部から侵入したウイルスの働きを弱めるようにした新しいタイプのワクチンです。早くも二〇二三年のノーベル生理学・医学賞が、m RNA法を開発した二人の研究者に授与されました。

以上のように免疫系は複雑な機械のようなのもので、その働きが悪くなる原因はストレスと栄養および睡眠不足ですから、栄養バランスのとれた食事、十分な睡眠、ストレスを溜めず、お風呂で体を温め、ゆっくり筋肉を動かす運動など、ゆったりした生活を送るのが「免疫力」を高める上で一番なのです。

（二〇二四年九月十五日４８７号）

18 写真を見る視線にも東洋と西洋の文化の差

東洋と西洋の文化の差は家族観や歴史観などに多く見られます。江戸時代末期から明治時代にかけて日本を訪れた西洋人が、西洋とは大きく異なった日本を発見して、数々の本を書いていることはよく知られています。客観的な目で見てこそ、文化や風俗の違いがくっきりわかるのですね。

科学に関わることにも西洋と東洋の違いがあります。例えば、太陽系宇宙について、私たちは地動説・天動説と言いますが、西洋ではそれぞれ太陽中心説・地球中心説と呼んでいます。地（球）と天（太陽）の見方として、東洋ではどちらが動いているかに着目しているのに対し、西洋ではどちらが宇宙の中心にあって動かないかに着目しているのです。おそらく、一神教の西洋では神がいる場所が宇宙の中心であることを強く意識しており、多神教の東洋では宇宙の中心なんか気にせずどちらが動いているかに関心があったことがわかります。太陽系だけを問題にするなら、どちらが動いていて、どちらが中心なのかは相対的ですからどちらでもいいのですが、宗教観の相違が世界の見方を左右していると言えそうです。

世界の見方ほど大げさではありませんが、写真の見方にも東洋と西洋の文化意識の違いはあるのでしょうか。それを調べた研究者がいます。私たちは、写真を見せられたとき、知っている人や動物が写っていると、それらに注目して話題にします。しかし、自分にはあまり関係がない写真だったら、どこに目が行くと思われますか？

アメリカの大学院生二十五人と中国からの留学生二十七人に目の動きがわかるヘッドバンドを着けてもらい、三十六枚の一般的な景色を写した写真をそれぞれ三秒ずつ見せて、どこに目の焦点が長くおかれているかを調べました。ただし、その写真の前景にはトラが座ってこちらを見ており、後景にはただ荒れた林が写っているだけなのです。

すると、アメリカの学生たちのほとんどは、トラばかりに注目し、その細かな姿を詳しく観察しようと目を凝らしたそうです。これに対し、留学生たちの多くは、トラをちらっと見てから、むしろ後景の林の方に視線を長く留めていることがわかりました。両者の間で、明らかに写真に対して興味を持つ視点が異なっているのです。他の同様な写真を見せても、そのような傾向がはっきりと表れました。

このことから、アメリカ（西洋）の人間は個々の具体的な対象に興味を持ち、中国（東洋）の人間は全体を捉えてそれらの関係性を見いだそうとすると言えるのではないかと、この研究者は述べています。その例証として、西洋の絵画は中央の人物や花瓶を非常に詳細に描いているけれど、背景は何の特徴もない風景にしていることが多いのに対し、東洋の水墨画は雄大な自然を大きな規模に描いて画面を占領し、人物は点描されているのみという図柄がほとんどであることを挙げています。

つまり、西洋と東洋では明らかに目の付け所が異なっていて、個々の対象の相違に徹底してこだわるか、全体の関係性や調和を重んじるか、の差異というわけです。その根源は、個々人の個性を尊重する西洋に対して、集団としての調和や釣り合いに重きを置く東洋という、個人を捉える意識の違いにあるというのは言いすぎでしょうか。

そう言えば私たちも、全然知らない人の写真を見せられた場合、その人のことをア

レコレ聞くのは何となく憚《はばか》られ、後ろの景色やお供の犬を話題にしてしまうことはあ

りませんか？　レオナルド・ダ・ヴィンチの「モナ・リザ」の絵を見て、ジョコンダ

の顔の神秘的な表情よりも、背景に描かれた光景に興味を持った人も多いでしょう。

このような西洋と東洋の意識や感覚の違いは、科学や宗教や文化のみならず、政治

や経済の分野にも数多くあると思われます。それを意識して、互いの長所や短所、強

みや弱点を補い合うようにすれば、世界はもっと平和になるのではないでしょうか。

そのためには、まず互いの違いを知るということが大事だと思います。この研究には

そんな意味もあるのかもしれません。

（二〇二一年十二月十五日421号）

19

絵画における右と左

名画を見るとき、私たちは知らず知らずのうちに、画面上の右と左にある種の意味を付与しており、画家も同じ意識を共有して構図を決めていると考えられています。

例えば、フェルメールは柔らかな光線に浮かび上がった室内の若い女性の姿を多く描いていますが、そのほとんどで画面に向かって左側やや上方に窓があり、そこから差し込む淡い光の下で、女性がさまざまな姿態をとっています。むろん男性も描いていて、私が好きな「地理学者」や「天文学者」の絵も、左手の大きな窓から差し込んでくる光線の下で研究に夢中になっている学者の姿が描かれています。実際、フェルメールは窓が北側にある二階のアトリエで創作に没頭していたそうで、北からの光が差し込んでいた部屋で、絵筆を持った右手が影にならないよう窓を左手にして描いたと考えられています。

窓を左手にするのは私たち自身も日常的に経験していることで、字を書く右手の影が邪魔にならないよう、学校の教室で机の並びが左側に窓がある配置であったことを思い出しますね。欧米の著名な美術館に展示されている絵画の光源の位置を調べたら、八割近くが左側で、やや上方の30〜60度から差し込んでくる光を想定して描かれていることがわかりました。作品を見る私たちも、それを自然として受け取っているのです。

ということは、逆に光源が右にある絵画を見ると、私たちは何か特別なことがそこに描かれているのではないか、とやや身構えた気分で作品に向かうことになります。画家もそのことを意識していて、右からの光に浮かび上がる人物について、何かを強調したい意図が潜んでいると考えてよさそうです。そう思って画面上の左右の図柄をじっくり見てみると、新しい発見があるのではないでしょうか。もっとも、キリスト教の宗教画には、神とか天使とか預言者などの神聖な対象は右側あるいは上部にすべしという約束があるそうですから、単純に言えませんが。

もう一つ、西洋絵画では左下に近景、右上奥に遠景を描くことが多いようですが、これは文字を左から右へと書き進める習慣のため、絵画でも左（時空間で近く）から右（時空間で遠く）へと物語が進む流れとなっているためと思われます。これを「一瞥《いちべつ》曲線（グランス・カーブ）」と呼ぶそうで、目と意識の移動に沿った筆の運びとなっているのです。日本では文字は縦書きで右から左へ書き進め、絵巻物も右から左へと展開しますから、絵柄も右下に近景が描かれ、左手奥に遠景が描かれるのが自然ということになります。西洋とは逆ですね。実際、浮世絵や日本画の多くはそのようなパターンになっていることに気づくでしょう。

では、肖像画の横顔は左右どちらが多いでしょうか？　レンブラントの肖像画百四十七枚を調べると、女性では（斜め）左向きが68％、男性では58％という結果が得られています。有名なモナリザはやや左向きですね。一般に左向きの人物は穏やかでゆったりした顔に描かれ、右向きは厳《いか》めしく緊張した顔が多いという特徴があるそうです。さて、これには何か意味があるのでしょうか。西洋絵画では左上に光源を設定することが多いので、左向きの顔は光を正面から受けて明るく輝き、右向きの顔では影ができて陰鬱になりやすくなることが考えられますが、それだけではないという説もあります。

というのは肖像写真を、自然光の下で撮っても、人工光源を自由に当てて撮っても同じことが言えるからです。光線の当て方の差ではなく、人間の表情の左右の差があるというのです。その理由として、人間の左脳は論理性に優れ、右脳は感覚性に秀でているとされており、脳からの神経は左右逆転しているため、顔の左半分は右脳に支配されて感情豊かな表情、顔の右半分は左脳に支配されて厳格な表情が卓越するという説があります。つい飛びつきたくなるような説ですが、今流行の右脳左脳の差異を強調したがる脳神経科学神話に近そうなので警戒する必要がありますが……。

絵画の左右の構図からいろんなことが読み取れると知れば、名画の鑑賞も楽しくなるというものではないでしょうか。

（二〇二〇年五月十五日３８３号）

20

プラシーボ効果とノーシーボ効果

娘が小さい頃、夜中に「お腹が痛い」と言い出して慌てたことがあります。常備薬の準備をしていなかったのです。私はとっさの判断で、メリケン粉に塩を少し混ぜて「これは父さんが小さい頃に教わった薬で、少し辛いけれど良く効くよ」と言って飲ませました。すると十五分ばかりで娘の腹痛は消えたようで、すやすやと寝入りました。このとき私は「プラシーボ効果」を利用したのです。

プラシーボ（プラセボ）とは「ニセ（偽）薬」のことで、このように、たとえ腹痛には何の効能もないメリケン粉と塩であっても、本人が良い薬だと信じて服用すると、実際に効き目があって容態が回復する現象を「プラシーボ効果」と呼んでいます。古代の治療師が利用したのもこのプラシーボ効果であったと思われます。

ヒトが痛みを感じたとき、脳はまず外部からの脅威に備えるため痛みを治そうとせず、それ以上炎症が拡大しないよう臨戦態勢を敷くのです。そのためストレスホルモンが放出されて血圧や心拍数が上がり、痛みはますますひどくなります。このときに「これは良く効く薬だ」と信じて飲めば、脳は炎症が治ったと錯覚して臨戦態勢を解き、鎮痛作用をもつエンドルフィンを放出するのです。そのため痛みが和らぐようになります。いわばニセ薬は脳を騙す手段なのです。何か安心感をもたらすような作用を受けると、それが科学的には意味がなくても、実際に肉体にプラスに働いてよい効果をもたらすのです。心と体は切っても切り離せないことを示しているようですね。

名医と言われる人から「これで治るよ」と太鼓判を押されれば、病気の回復が早くなるのも同様の効果です。たまには自分の脳を騙すのも体には良いのでしょう。

断っておきますが、翌日さっそく娘を病院に連れて行って治療を受けさせ、常備薬を揃えるようにしました。家庭でのプラシーボ効果はそう何度も成功しませんから。

では、プラシーボ効果とは反対に、何か心に不安を招くような作用を受けると科学的には何の根拠もないにもかかわらず、肉体にマイナスに働いて悪い効果をもたらすということはないのでしょうか。実は、このことも昔からよく知られていて「ノーシーボ効果」と呼ばれています。薬で言えば、本来全く無害な薬を投与したのに、患者自身が「有害だ」と思い込むことで、本当に有害になってしまうことが観察されてきたからです。「ノーシーボ」はラテン語で「私を傷つける」という意味があるそうです。

たとえば、アレルギーの中には強いノーシーボ効果が原因となっているものがあるという指摘があります。アレルギーが起きるのは免疫機構によって異物を排除しようと過剰に反応するために起こるものです。脳は、毒や病原体など危険なもの（異物）がありそうだと察知すると、実際にはその有無に関わりなく防御態勢を取り、「有害だ」という危険信号を発します。その信号に応じて免疫機構が働き、そのため発疹や目の充血や喘息発作などが引き起こされるのです。だから、アレルギー反応自体は体を守るための健全な反応なのです。それが過剰になって、薬に副作用があるかもしれないと聞くと、それを強く思い込むためにより強い副作用を引き起こすのがノーシーボ効果です。その意味で、ノーシーボ効果は結果的に体にマイナスに働くのですが、危険を回避したいという反応でもありますから、全否定することもできません。

以上から、薬を飲むときの心得は、よく効くと自分に言い聞かせ、副作用のことは気にしないで服用するのがよさそう、ということになります。こうすることで、良い作用をもたらすプラシーボ効果を働かせ、悪い作用を引き起こすノーシーボ効果を抑えるからです。

といっても、薬によっては薬害が引き起こされることもありますから、薬の効能を疑い、副作用がないかは気になるものです。そこで私は、昔から長く服用されてきた漢方系の薬を使用することにしています。薬害や副作用がないからこそ長持ちしているのですから。

（二〇二三年三月十五日４５１号）

21 表情は遺伝する？

年齢が相当離れている親子なのに、考えるときにちょっと耳を掻くとか、緊張して話すときに眉を上げるとかの、意識しないでするジェスチャーや顔の表情が互いにそっくり、ということに気づいたという経験はありませんか。私も年をとるにつれ、自分の仕草が兄や姉と同じようになっていると、ふと思うときがあります。このように表情や仕草は遺伝するのでしょうか、それとも身近で見慣れているので知らぬ間に真似してしまうだけなのでしょうか。

チャールズ・ダーウィンは、一八七二年に出版した『人間と動物の感情表現について』という本で、このことについて自分の見解を述べています。ダーウィンは、進化論や性淘汰論など生物がたどってきた歴史について詳細に研究して歴史に残る大発見をした人ですが、ミミズによる土壌形成とか、ハトの品種改良とか、フジツボの分類、ツタのような蔓《つる》を伸ばしてよじ登る植物の生長など、私たちの身の回りにある動植物を詳しく観察して、それぞれの生態の特徴をまとめています。彼にとっては、どんな生物でも不思議の念を引き起こす対象であり、研究せずにはおられなかったのでしょう。

そのダーウィンが、ある男性に、眠っているときは右腕をあげ、手首をその鼻の上におくという癖があることを知りました。知らず知らずの間に手がそのように動いてしまうようなのです。そして、その男性が亡くなって数年経ってから、その息子がそのまま同じように振る舞っていることを偶然に発見しました。そこで彼は、感情表現は親子の間で継承されると述べています。当時は、まだ遺伝について詳しいことがわかっていなかった時代ですから、なぜ継承されるかについてはダーウィンにとっては謎でした。

このように仕草や表情が家族や子ども達の間で共通しているという話を聞かれたこ

とはあると思いますが、それを実際に実験で確かめた研究を紹介しましょう。

異なった家族から先天的に盲目の人を二十一人選び、各々盲目でない身内の人を一人か二人を呼んで、個人の経験に関連する課題を質問するという技法が使われました。具体的には、悲しみ、怒り、嫌悪、喜び、驚き、集中という六つの共通しそうな感情をカバーする四十三のジェスチャーが家族の間で共通するかどうかを調べたのです。

先天的に盲目の人は身内の人の仕草や表情を見たわけではありませんから、もしその二人に共通した表情の癖があるなら、遺伝的な要素が関係していると考えてよさそうです。むろん、偶然同じということもあるので、異なった家族との間の相関も調べました。異なった家族との間でも同じ表情になるなら、たまたま同じである確率が高いので除外するのです。

その結果、確かに家族に共通する特有の仕草や顔の表情があることがわかりました。それも、怒りの感情を表わす場合が最も顕著で、遺伝的に何らかの意味があることを示唆していると考えられました。それとは対照的に、喜びと悲しみについてはあまり家族の間での類似点がなかったそうです。

まだ、ちょっと気の早い結論ですが、怒りの表情は遺伝的に刷り込まれ、喜びや悲しみの表情は主に個人の気質に起因する、と考えてはどうでしょうか。そうすると、怒りの表情が遺伝しているという事実は、人類が獲得した感情の進化と結びつけられるかもしれません。人類が過酷な自然を生き抜いてこられたのは、危険や恐怖を引き起こす状況からいち早く逃げ出せたためであろうと考えられます。そのためには危険な状況を急いで伝え、早くその状況から離れるようと働きかけねばなりません。それが怒りの表情というかたちで親から子へと伝えられ、代々遺伝してきたと考えられるのです。つまり怒りとは、危険を察知したときの緊急の警告の表現であり、遺伝子に刷り込まれているので、先天的に盲目の人にも共通した表情として受け継がれているというわけなのです。

そう考えると、怒っている人に遭遇しても、あの表情は単に遺伝したものだと思えば、少しは気楽になるかもしれませんね。

（二〇一九年二月十五日３５３号）

2章

動物と虫、生態系の謎

22

生物世界のシンクロ現象

水

深が3メートル以上のプールで、何人かのスイマーが、伴奏音楽に合わせて泳ぎながらさまざまな演技を組み合わせ、水中での技の美しさや完成度、同調性や芸術性などを競い合う水泳競技がシンクロナイズドスイミングです。もともとはイギリスにおいて一九世紀後半の男性の水中バレエが発祥で、一九三〇年代に女性たちのモダーン・マーメイドと呼ばれる集団演技となってパフォーマンスが競われるようになりました。やがてシンクロナイズドスイミングと呼ばれるようになり、一九八四年のロサンゼルス五輪から公式のスポーツ競技となったわけです。「シンクロナイズド（同期した）」という呼称がいかにも機械的で非人間的な印象があり、国際水泳連盟は二〇一八年に「アーティスティック（芸術的）スイミング」と呼び名を変更しました。そして競技者も女性のみから、男女のペアや男性の集団などの競技へと拡大しています。女性がプールで泳ぐのが禁忌とされ、水中バレエが男性のみの遊びであった十九世紀を経て、やがて水着姿の女性の華やかさを競うようになりました。そして現在、男女が対等に参加する競技へと変遷しつつあるシンクロ競技は、社会におけるジェンダー問題の歴史と軌を一にしているかのようです。

ここで話題にしようというのは人間世界の競技ではなく、生物世界のシンクロナイゼーションの妙という科学の話です。人間世界では水泳だけでなくアイススケートやダンスのペアのように二人が呼吸を合わせて運動するだけでなく、縄跳びや綱引きなどでは多数が自然のうちに動きを同期させていることが多くあります。オーケストラの場合、指揮者の指揮棒を見ながら楽団員はそれぞれ音を奏でているのでしょうが、日ごろ鍛えたリズムを守りつつ周囲の音の流れに同期して演奏しているわけです。生物界でも、多くの子孫を残すために互いに協調（あるいは反目）して同期した運動をしていることが多くあります。

私が一度は見たいと思っているのが、ボルネオ島やタイなどのマングローブ林に数万匹のアジアボタルが集まり、それらがシンクロして明滅を繰り返す姿です。たくさん集まったホタルが全部一斉に輝くのですが、リーダーがいて指揮しているわけではなく、数多くのホタルが集まるといつの間にか同期して一斉に発光するのです。これを「引き込み現象」と呼んでいますが、各々のホタルは少しずつ発光間隔を変えながら次第に全体が同期して輝きます。実際に、仲間が見えないよう一匹ずつ隔離すると明滅は同期しませんから、ホタルはお互いを見ながら発光周期を合わせていることは確かです。光っているホタルはオスで、メスを惹きつけるためなのですが、一斉に光るオスの方が交尾できるメスを見いだす確率が大きいそうです。

これに似ているのがコオロギで、ル・ル・ルという断続音をほぼ〇・五秒間隔で発しており、二匹以上が集まると同期して鳴くようになります。合唱するようにシンクロナイズして鳴く方が、より効果的にメスを惹きつけられるためとされています。協力して鳴くオスの方がメスにとっては好ましいのでしょう。

面白いのがゲロ・ゲロ・ゲロと鳴くニホンアマガエルです。カエルは視力が弱いのでもっぱら鳴き声だけでメスを惹きつける必要があり、互いに距離をとって一匹ずつ個別に鳴こうとします。そのため、近くにオスが二匹いる場合、声が同期して重ならないよう交互に鳴いています。では三匹いるとどう鳴くのでしょうか。「鼎立《ていりつ》」という言葉があるように、三者がそれぞれを主張するとまとまらないことが多くあります。カエルの合唱の場合は二通りあって、三匹が鳴く周期を三分の一ずつずらして三重唱（輪唱ですね）で鳴く場合と、二匹が同期して一緒に鳴き、残り一匹がすぐその後に鳴く場合があるそうです。互いに、相手を見ながら鳴き方を調節しているようなのです。

シンクロという観点で生物それぞれの生き方を調べてみればおもしろいでしょうね。

（二〇二三年四月十五日４５３号）

23

働きアリの七割は怠け者

イソップ物語にあるアリとキリギリスの話はどなたも御存知だと思います。夏の間、働き者のアリたちは冬の食糧を蓄えるためにせっせと働き、キリギリスはバイオリンを弾き歌を歌って過ごしていました。やがて、草木も枯れて食べる物が何もない冬が来て、キリギリスは飢えてアリたちに食べ物を恵んでくれるよう乞いますが、アリは食べ物を与えることを拒否し、キリギリスは飢え死にしてしまう、という物語ですね。何だか残酷な結末ですが、実はイソップ物語にしろグリム童話にしろ、残酷な結末の童話は多くあります。西欧の童話には現実生活の厳しさを子どもの時代から教えるという役割があったのでしょう。しかし、日本では、アリは優しくてキリギリスを助けてやり、キリギリスは泣いて反省して、翌年から心を入れ替えてせっせと働くようになった、という物語に改変しているものが多いようです。優しさが相手を変えることができるという麗しい結末です。さて、どちらの方が童話としてよいのでしょうか。今回の話題は、この働きアリの七割は怠け者であるという話です。

数多くのアリが列を作って獲物を運んでいる姿を見ると、確かにアリは働き者の集団であろうと思えますね。ところが、それは地上での見かけの姿でしかありません。地下のアリのコロニーを掘って調べてみると、そこにいるアリの多くはただぼんやりして働いていないようなのです。そこで研究室にアリの巣を作って観察した結果、いつもせっせと働いて食べ物を集めているアリは全体の三割程度でしかなく、全く働かずに不活発な怠け者のアリや、巣の中をただウロウロしているだけの散歩アリなどが七割を占めるということがわかってきました。全体としては、働きアリというより怠けアリと言う方が正しいかもしれないのです。こんなに怠け者が多いのにコロニーは崩壊しそうにありません。なぜなのでしょうか。

その理由は、まずアリには個性があって、働くことに対するそれぞれの感受性が異なっているためと考えられています。例えば、アリの巣の温度が上がると羽を動かして風を起こすようになるのですが、ほんの少し温度が上がっただけですぐに反応して羽を動かし始めるアリもいれば、かなり温度が上がるまで羽を動かさないアリもいます。羽を動かし始める温度がアリごとに異なるようなのです。温度だけでなく、餌を探しに行くにはお腹が減った時の感受性の差、生まれた卵をいつも清潔にしているのはきれい好きの性質の差、外敵に襲われたときは緊急時だと察知して対応する行動力の差、というふうにアリごとに問題に応じて敏感度が異なっているのです。普段は三割くらいが働くだけでアリの集団生活はうまく回るのでしょう。

残りのアリの七割も敏感度の差に違いがあるだけで、意識的に怠けているのではなく、働かねばならないという気にならないだけのようです。そのことはアリ同士もよく知っていて、別に怒ったり嫉妬したりしません。互いにそういう奴だと達観しているのでしょうか。

おもしろいのは、働き者のアリの二割を取り除く実験では、一週間もするとそれを補うように、これまで怠け者であったアリがせっせと働くようになるということです。比較的感受性が高いアリが見るに見かねて働き始めるのです。逆に働き者のアリばかり選んで集めると、働かない個体が必ず現れるようになるという実験結果もあります。それぞれ感受性の強さの序列があり、その強さに従って働いたり怠けたりしているだけと考えられます。シミュレーションでも怠け者を抱え込んでいる方がコロニーが長続きすることがわかりました。卵を清潔に保つなど、常に誰かがやらなければならない仕事があるのですが、働きアリが疲れると怠け者であったアリが代わって働くようになるからです。

さて、この結果は人間社会で考えてみればどうなるでしょうか。富の分配がちゃんとやれておれば、三割が働くだけで社会は持続すると思われますから、実際に実現可能性を検討してみる価値がありそうですね。

（二〇一九年十二月十五日３７３号）

24

都会の小鳥が早口になっている？

鳥のオスは、自分の縄張りを守ったり、メスの気を惹くために歌を歌っています。鳥だけでなく魚や昆虫や小鳥など、一般に動物のオスの方がメスより容姿が華美であるのが普通で、鳴き声がきれいなのもメスに気に入られたいためとされています。「性淘汰」と呼ばれる現象で、オスはメスを獲得しないと子孫を残すことができませんから、メスに気に入られるために涙ぐましい苦労をしていると言えるでしょう。

現代の鳥たちは、昔と違って新しい苦労をするようになっています。都市化が進み、交通騒音が大きくなり、高層ビルのためにビル風が強くなっており、鳥が鳴く麗しい歌声が聞こえにくくなっているのです。都会暮らしをするようになった鳥のオスは、新たな工夫をしなければメスに鳴き声を聞いてもらえません。さて、どのような工夫をするようになったのでしょうか。

実は以前から、周囲が騒がしくなると、サヨナキドリの鳴き声はより大きくなることが知られていました。森の中でも滝の音が響き渡るような環境に棲む鳥は、静かな場所にいる鳥よりも高い音程で鳴きます。森の中では低くて穏やかな音の方がよく響き、風や騒音が多い場所では同じ鳴き声では通らないので、さえずりを高音で変えているのです。

シジュウカラも、静かな環境と騒がしい環境では異なる調子で鳴きます。そこで都市と田舎での鳥の鳴き声を比較して、実際にどれくらい違いがあるかを調べてみようということになりました。都市の鳥が鳴き方にどんな工夫をしているかを明らかにしようというわけです。

そこで、ヨーロッパの主な十都市に生息するシジュウカラの鳴き声と近隣の森林に棲む同じ種の鳥の鳴き声の詳しく比較したのです。その結果、都市に棲むシジュウカラは田舎に棲む鳥に比べて、同じ歌でも短く速く歌い、さらに高い音程で歌うことが示されました。速くて繰り返しの多いさえずりを、より高い周波数で歌って、騒音の中でもよく伝わるように工夫しているようなのです。人も騒がしい場では高い声で早口にしゃべるのに似ていますね。そのようにして都市に適応した声で歌う鳥が増えていくと考えられます。これに対し、速いさえずりや高い音程が出せない鳥は都市ではコミュニケーションがとれないため伴侶を見つけられず、都市が広がると子孫が残せなくなっていくでしょう。

ここで問題です。この事例は〝生物は周囲の環境に合わせて変化できる者のみが生き残ってきた〟とも解釈されそうですが、さてその解釈は正しいのでしょうか。

自民党は憲法改正を正当化するために、「進化論」と題する4コマ漫画で「ダーウィンの進化論ではこういわれておる、最も強い者が生き残るのではない。最も賢い者が生きのびるのでもない。唯一生き残ることができるのは、変化できる者である」を引用したという広報を出しました。これに対し、日本人間行動進化学会が抗議声明を発表したことをご存知でしょうか。実は、この自民党の広報の台詞は三重の間違いを犯しています。

第一に、ダーウィンは、そんなことを一言も述べていないということです。この言葉はアメリカの経営学者が自分の経営学について語ったもので、一方的な誤解に基づいた偽の引用なのです。

二つ目は、生物の世界と人間社会の関係とは本質的に異なった論理であるのに、強引に二つを結び付けて恣意的な解釈を持ち込んでいるという間違いです。

三つ目が、そもそも進化論は変化できる者のみが生存できたとは主張しておらず、生物集団の遺伝子頻度の変化に関する議論なのです。個々の個体の変化とは関係がありません。さらに言えば、そもそも生物の進化には必ずしも進歩という意味はなく、ダーウィンはもともと「転成」という言葉を使っていました。進化という価値観を含んだ言葉を生物の生き残りに使うのは適切ではないのです。

生物進化論が憲法改正の宣伝に応用されるなんて、ダーウィンは大いに迷惑に思っていることでしょう。

（二〇二〇年九月十五日391号）

25

異性を前にすると緊張する鳥

派手な色模様の羽毛を持ち、美しい声でさえずるのはオスの鳥であることはよく知られています。そのさえずりは、伴侶（メス）の気を惹くために精いっぱい美声をふるわせているだけでなく、自分の縄張りを宣言して競争者が侵入して来ないようにするため、危険を察知した時に仲間に警告を発したり仲間を呼び集めるため、そして、つがいが互いにコミュニケーションをとって親密度を増すため、というようにさまざまな目的があります。それぞれの目的に応じて特有の旋律やリズムを使い分けており、その声を聞き分けられたら鳥の世界の豊かさや感情の微妙さがわかるのに、と思います。

ウグイスが鳴き始めの頃は実に下手くそであったのに、やがて上手にさえずるようになっていくことはよく知られています。私がかつて勤務していた総合研究大学院大学の本部は葉山の湘南国際村にあるのですが、梅の花が咲く春先からウグイスが鳴き始めます。最初はつっかえつっかえ鳴いているうちに、初夏を迎える頃には「ホーホケキョ」の美しいさえずりになりました。夏の盛りには、森の中で「ケキョー、ケキョー」と何度も繰り返すのを聞きました。これを「ウグイスの谷渡り」というそうですが、実際には、何かに驚いたときに思わず鳴きたてているためのようです。

普通、幼鳥は生後二十五日から五十日くらいの間に父鳥の歌を記憶し、三十日頃から父鳥の真似をして自分で歌い始め、七十日くらいになると巧く歌えるようになると言われています。だから、まだ上手に歌えないウグイスは、生後三十日から七十日くらいしか経っていないわけで、幼いウグイスが必死で歌っている姿が偲ばれますね。

父鳥と早く死に別れたり、むりやり父鳥から引き離してしまうと、幼鳥は歌を覚えなかったり、覚えても上手に歌えず下手なままになってしまいます。そのように歌を覚えなかった鳥は成長してもメスが魅力を感じてくれないので伴侶を得ることができず、子孫を残すことができません。つまり、美しく鳴ける鳥だけが子孫を残せることになるのです。このように鳥にとっての自然淘汰も厳しいですね。「歌を忘れたカナリヤ」は、わざわざうしろの山に捨てなくても、必然的に子孫が生まれないのです。

江戸時代には、正月にウグイスの鳴き声を楽しむため、「夜飼い」を競ったそうです。ウグイスの季節感を狂わせるために、夜間に照明を与え、温室に入れて温めてさえずりが始まる時期を早めたのです。苦労して大変な手間をかけたのですから、お正月に巧く鳴いてくれたらどんなに喜んだことでしょう。逆に、一向に鳴いてくれなかったら苦労が水の泡の悲劇ですが……。

鳥のさえずりに関する面白い実験があります。鳥が歌っているときの、発声やリズムの制御を司る脳中枢の神経細胞の働きを調べたのです。すると、メスを目の前にしてさえずるときと、オスが一羽だけで鳴いているときとは、神経細胞の発火の数が有意に異なっているのです。*1

オスがメスに向かい合っていると、周りのことは眼中に入らなくなって愛の歌に集中し、きちんとした歌を同じパターンで歌おうとするためか、神経細胞の発火が少なくなるのです。オスはメスの前では緊張して端正に歌おうと必死になるのでしょう。ところが、オスが一羽だけで気楽に歌っているときは、周囲に気が散り、いい加減に歌っているためなのか、発火の数が二倍にも増えているのです。リラックスしたときの方が神経細胞は自由に発火して活性化するようです。快感に関わるドーパミンの放出に関係する神経細胞の活動度が異なっているという報告もあります。

鳴き声を聞いているだけでは私たちには、鳥の状態がどうなのか区別できませんが、鳥の脳は緊張と弛緩を繰り返しており、それが微妙な歌声の変化になっているのかもしれません。しかし、鳥もやはり異性を前にすると緊張してしまうと聞くと、なんだかホッとしませんか。

（二〇一八年十一月十五日347号）

＊1　大脳皮質の神経細胞（ニューロン）に刺激が加わると電位が変化し、短い時間幅のスパイクが現れます。これを神経細胞の発火と言います。

26 失恋したハエのやけ酒

生物学で遺伝子の研究にショウジョウバエがよく使われてきたことを覚えている人もおられるかもしれません。この名前のショウジョウは、能の演目である「猩々《しょうじょう》」のことで、猿に似た架空の動物に由来します。というのは、能の猩々は赤い装束で着飾っており、お酒が好きで飲んで浮かれて舞い謡うのですが、ショウジョウバエは赤い大きな目を持つのでお酒に酔って顔が赤くなったように見えるからです。その上、ワインや日本酒によく集まる習性があるので、ぴったりの名前と言えますね。

ショウジョウバエは、卵から成虫までおよそ十日間と世代交代が早いこと、一匹のメスは一日に数十個卵を産み、一生の間に一千匹もの子孫を残すこと、そしてなにより簡単な餌で飼うのに手間がかからないこと、などの理由から百年も前から遺伝学の実験材料として重宝されてきました。台所や倉庫などで、お酒や傷んだ果物に集まってくる小さなハエ（コバエとも呼ばれます）で、皆さんもお馴染みではないでしょうか。

このショウジョウバエですが、失恋するとアルコール入りの餌を好んで食べて酔っぱらうことが、以下のような実験で示されています。

まず、既に交尾済みのため新たに交尾する気がないメスのショウジョウバエのグループを用意し、それとオスのグループとの間で一日三回、一時間ずつ一緒にさせ、これを四日間繰り返しました。このグループではオスが交尾できず、ふられることになります。そして、濃度が15％のアルコール入りの餌とアルコールが入っていない餌を選べるようにしました。

これと比較のために、別のオスのグループには交尾していない（従って、交尾できる）メスのショウジョウバエを用意し、条件を一緒にし、やはり二種類の餌のいずれを選ぶかをテストしたのです。

実験結果は、交尾できないふられたオスのグループではもっぱらアルコール入りの餌を選び続け、交尾できたオスのグループと有意な差がありました。二つのグループの差は、交尾できたか、できなかったかだけの差ですから、交尾できなかったオスのグループは明らかにアルコールを強く求めたとしか考えられません。ハエもふられると、人間と同じように失恋すると〝やけ酒〟に走る、というわけです。

むろん、この実験はショウジョウバエの恋の成就と飲酒癖について調べることを目的としたものではありません。ハエに何らかのストレスを与えた場合に、脳内の神経伝達物質であるニューロペプチドＦと呼ばれる物質（ホルモンの一種）の分泌量にどんな影響があるかを調べようとしたものです。結果は、交尾できなかった（ストレスを溜めた）オスのグループではニューロペプチドＦの分泌量が少なく、交尾できた（ストレスが少ない）グループでは多く分泌されていることがわかりました。

そこで、人為的にショウジョウバエのニューロペプチドＦの量を減らしてみました。そうするとアルコール入りの餌を好むようになり、逆にニューロペプチドＦを投与して増やすと、交尾できていないオスでもアルコールに背を向けるそうです。つまり、交尾体験という本能的反応がニューロペプチドFという分子の分泌量を通して、アルコール摂取のような薬物反応につながっているということになります。

ヒトも含めて哺乳類には、ニューロペプチドFと似た脳内伝達物質として、ニューロペプチドYという分子が知られており、この量とアルコールやタバコへの依存症との関係が調べられています。例えば、マウスやラットをストレスが多い環境下におくと、ニューロペプチドYのレベルが下がり、アルコール摂取量が増加したそうです。

逆にニューロペプチドYのレベルを高めると、アルコールの摂取を下げさせることができるわけで、まだヒトに対しては仮説の段階のようですが、アルコール依存症を治せるようになるかもしれません。ショウジョウバエのやけ酒とアルコール中毒の治療、意外な結びつきに驚きますね。

（二〇一九年八月十五日３６５号）

27

モルフォチョウの神秘の輝き

モルフォチョウと呼ばれる、青くて大きな翅《はね》を持つチョウをご存知でしょうか？北アメリカ南部から南アメリカにかけて生息する大型のチョウで、神秘的な翅の美しさによって人々を強く惹きつけてきました。「モルフォ」はギリシャ語で「形態」が語源なのですが（英語の「モルフォロジー」は形態学という意味です）、ギリシャ神話のアフロディティやヴィーナスを形容する言葉として使われ、「美しい形」を意味しています。モルフォチョウは中南米から各国に輸出されて、額や細工物の飾りに多く使われており、日本でも通販で本物のモルフォチョウの翅を使ったネックレスやブローチが売られているようです。

このモルフォチョウの金属的な光沢をした鮮やかな青色の発色原理は、既に二十世紀の初頭にイギリスの物理学者レイリーが、通常の色素によるものではなく、「光の干渉」が関係しているとの説を提唱していました。

私たちが物体の色を認識できるのは、入射してきた光のうち、その物体表面の色素がある特有の波長の光だけを反射し、その反射光が目に入ってくるためです。赤なら赤の色素があり、赤い色しか反射しないので赤だとわかるのです。

ところが、モルフォチョウの翅の表面は鱗粉《りんぷん》（肉眼では粉状に見えますが薄くて平たい小片です）に覆われており、翅を見る角度が変わると明るさが大きく変わり、横から見ると青色は消えてほとんど真っ黒に見えるのです。単純な色素による発色ではそうなりません。そのため、モルフォチョウの翅の発色は、色素ではなく、別の原理によるのではないかと考えられました。そこで提唱されたのが、鱗粉を作っている小片が何層にも重なっていて、それぞれの層で反射した光の波が互いにぶつかり合って、光の色を強めたり弱めたりするためではないかというアイディアです。これが「光の干渉」で、物質表面の微細構造によって作られる色なので「構造色」と呼ばれています。こう考えると、見る角度の違いによって明るさが変わったり、色が異なったりすることは自然に説明できますね。百年も前の、まだ倍率の低い光学顕微鏡しか使えない時代に、このことに気づいていたレイリーの偉大さがわかろうというものです。

これと同じように、非常に薄い物質層が幾重にも重なっていて、入射した光の反射と干渉によって不思議な光沢を示すものに真珠があります。まん丸の真珠であっても、少し傾ければ虹色が見え、ゆっくり回すと薄い紫色が浮かび上がってから消えるというふうに、不思議な色の変化の世界に誘われます。天然真珠は、アコヤ貝の内部に入れられた粒が核となって2〜3年もの間、貝の肉片からの分泌物を浴び続け、それが何層も重なった結果できあがったものです。人造真珠では、天然真珠を模造するために魚の鱗を細かい粉にしてくるむようにしたのです。魚の鱗はあんなに薄いのに何重もの細片が層をなしていて、光を微妙に反射・干渉するからです。

現代では、モルフォチョウの翅の構造を電子顕微鏡で詳しく調べ、鱗粉の規則的な構造と不規則な配列の組み合わせで、微妙な青色の広がりやグラデーションまで説明できるようになりました。それを真似して、角度によって色が異なって見える衣装やクルマの塗装など、さまざまな製品に応用されています。チョウに学んで構造色を利用する新技術が開拓されたというわけです。

その極めつけは、光の当て方や見る角度によって色が変わり、立体感が異なって見えて怪しげな雰囲気を醸し出す口紅でしょうか。口紅の主成分は油なのですが、それに雲母やケイ素の超微粒子を混ぜて酸化チタンでコーティングすれば、この酸化チタンの層が何重にも重なって光を反射・干渉して魅惑的な口紅となるのです。モルフォチョウならぬ〝夜の蝶〟が行きかう酒場の照明も独特ですから、いっそう口紅の演出効果が増すのです。

このように、生物が生み出した技術を人間が学んで工業製品に活かす試みが数多くなされるようになっています。

（二〇二一年三月十五日４０３号）

28

色のマジック。驚くべきヤリイカの能力

赤のクレヨンが赤く見えるのは、赤以外の色の光を吸収し、赤だけを反射する色素分子が使われているためで、反射した赤の色の光が目の網膜に入ってくるからです。この色は、特定の色以外を吸収する色素分子の作用を利用するので「色素発色」と呼ばれています。

色が見えるのは、このような色素の働きによるものがほとんどですが、色素を使わずに発色する物質や生物が数多く発見されています。こちらは「構造色」と呼ばれる特別な色で、その名の通り物質や生物体の表面を構成する分子の形や分布などの構造によって発色するためです。その構造は、光の波長と同程度の1ミリメートルの百万

分の一、つまりナノメートルという微小な世界の分子が作っているもので、自然の秘密はそんな細部に隠れているのです。

たとえば、クジャクのオスは鮮やかな色合いで大きな目玉のような模様の尾羽を持ち、華やかな姿を演出してメスを惹きつけようとします。モルフォチョウのオスは、金属のような鮮やかな光沢をもつ青い翅《はね》を持ち、翅の裏には目玉模様があって、ひらひら翅を動かすと模様が変化して天敵を驚かせます。他にも、コガネムシの翅、マガモの頭部の模様、カワセミの青い羽など、構造色を発する生物は多くいます。

これらを調べると、鳥の羽やチョウの鱗粉《りんぷん》には、光を散乱する材料でできた高分子の棒や層が並んだ微細な構造となっていることがわかったそうです。その棒や層の、長さや間隔や傾きが光の波長と同じくらいで、そこに日光が当たると光の一部は反射され、反射光が互いに重なり合って強め合ったり弱め合ったりします。この作用によって独特の色がついているように見えることを「光の干渉」と言います。そして、五億年も前のカンブリア時代に、陸に進出した昆虫には早くも構造色が出現していたのではないか、と推測されています。

私たちの身近にある人工物としてはシャボン玉があります。石けん膜自体は透明で色はついていないのですが、膜の厚さが非常に薄く、その表面と裏面で反射した光が干渉し合って虹色に見えるのです。また、色のついていないCDディスクの裏面に光を当てて傾けながら回転させて見たとき、やはり反射光が虹色に見えますね。CDディスクには非常に規則的な凸凹が並んでおり、反射光が干渉するためで同じ現象です。

クジャクの羽に水をかけると見事な色が消えてしまうのは、光の屈折率や反射率が変わってしまうためです。モルフォチョウの場合は、水をかけると微細な層や棒の傾きが系統的に変わり、すっかり違った色合いに変身したように見えます。

この仕組みを利用したのが、動きにつれて色が変わって見えたり、香水を振りかけると違った色に変わる〝ドレス〟です。きらきらと輝いたり、しっとりした色合いになったりと、さまざまな表情を演出できます。衣装を変えなくても動きや香水で、異なったムードの雰囲気を醸し出せるというわけです。

あるいは、ラメ剤とかパール剤と呼ばれる化粧品（ネイルエナメル、アイシャドー、ロ紅など）は、屈折率の異なる高分子物質や樹脂を複数塗って積層とし、各層で反射した光が干渉し合うようになっていて、真珠や虹の色となったり、金属表面のように強い光沢を持たせたりするようにしています。

同じ構造色ですが、異なった仕組みで体色を自在に変化させているのがヤリイカで、タンパク質の小さな反射板が並んでおり、その角度ごとに特定の色を反射させて色を変えています。おもしろいのは、メスに送る愛情のシグナル色と敵のオスを威嚇するための警告色が異なっていることです。そこで実験で、右側にメス、左側にオスを置いてみると、右半身と左半身が異なった色になるそうです。驚くべき能力と言うべきでしょう。

自然界の生物は、巧《たく》まずして色のマジックを身につけています。その原理を人間が学んで、ドレスや化粧品、色センサーやクレジットカードの認証マークなど、実にいろいろな応用をしています。やはり、自然は偉大なり、ですね。

（二〇一九年七月十五日３６３号）

29

ハサミムシの究極の子育て

虫の世界は実に多様で、昆虫学者たちの粘り強い観察によって思いがけない生態が明らかにされ、私たちを驚かせてくれます。その中で、特に私の印象に残ったエピソードを書いておきましょう[*1]。

昆虫が地上に姿を現わしたのは、今から4〜3.5億年前の古生代デボン紀とされていますが、今では化石で見るだけです。次の3.5〜3億年前の石炭紀に入ると翅《はね》のある昆虫が現れ、ゴキブリのように現在まで生き続けている種がいて「生きた化石」と呼ばれています。ゴキブリには、体の末端部分の体節の背中側から一対の長い肢《あし》のようなものが見られます。これは「尾毛《びもう》」と呼ばれ、バッタやコオロギなど原始的な昆虫類が持っている特徴です。今回話題にするハサミムシは、尻尾にあたる部分に大きなハサミを持った昆虫で、このハサミは二本の尾毛が発達したものと考えられています。だからハサミムシは昆虫の中でも古手の方なのです。

ハサミムシは、このハサミを振りかざして敵を威嚇したり、イモムシなどの獲物を捕らえるとき、相手が身動きできないよう押さえつけたりするのに使っています。ハサミムシが英語では「イヤーウィグ（耳の虫）」と呼ばれているのは、耳の穴から頭の中に侵入して脳に卵を産みつけるという都市伝説があったためとされています。体の割には大きなハサミを持ち、人間にも挑みかかるので、このような荒唐無稽な迷信が生まれたのでしょう。しかし、無害であり、毒も持っていません。だから、そのことをよく知っている子どもたちが、ハサミムシのハサミを耳たぶに噛ませて、イアリングのようにぶら下げて遊んだことに由来しているのではないか、との説もあります。

一般に、昆虫は体が小さく、外敵をやっつけるのに役立つ強力な武器も持っていませんから、ほとんどがハチやクモ、カエルやトカゲ、鳥や哺乳類など他の生物のエサになっています。そのため昆虫は子育てをしないのが普通です。実際、子育てしているときの親は無防備ですから、親子ともども食べられてしまうでしょう。そんな危険を冒すより、数多くの卵を産んで、ほんの少しでも生き残ればいいという戦略を選んでいるのです。実際、その戦略が成功していることは、地球の全動物の85%が昆虫であることからわかりますね。

ところが、ハサミムシは少ない数の卵を産んで、保護して育てるという、子育ての習性を持っている変わった昆虫です。卵を産んだハサミムシの母親は、卵におおいかぶさるように身を挺《てい》して卵を守り、カビが生えたり微生物が付かないよう一つひとつ丁寧に舐め、空気に当てるために卵の位置を動かしています。人が石をどけて卵を見ようとすると、卵を守ろうとハサミを振り上げて威嚇してきます。ハサミムシの卵が孵《かえ》るまでの期間は、昆虫の中では特に長く四十日から八十日もかかるのですが、その間ハサミムシの母親は卵にかかりっきりですから自分のエサをとることができず、飲まず食わずで卵の世話をし続けるのです。それだけでも自らを犠牲にして卵を守る珍しい昆虫なのですが、さらにもっと深い愛情を幼虫に注ぐことがわかりました。

卵から孵化したばかりの幼虫はまだ自力で餌を取ることができませんから、そのまま放っておかれると飢えて死んでしまうことになります。そこで母親は自分の体を幼虫のエサとして提供するのです。ハサミムシの幼虫たちは母親の体を貪《むさぼ》り食べて元気に育ち、そのうちに自分で餌を探して獲れるようになります。その頃には、母親の体は抜け殻と一対のハサミしか残っていません。母親は、それ以前にいつでも幼虫を見捨てて逃げ出せるのですがそうせず、むしろ腹の柔らかい部分を差し出すようにして、食べられる運命を喜んで受け入れているようなのです。

まさに究極の子育てと言えるでしょう。ネグレクト（育児放棄）が問題になる人間世界が何だか恥ずかしくなりますね。

（二〇二二年三月十五日427号）

＊1　稲垣栄洋著『生き物の死にざま』（草思社文庫）を参考にしました。

30

ゴキブリの愛すべき側面

ゴキブリは約3億年前の古生代石炭紀に地球に登場した昆虫で、「生きている化石」と呼ばれています。その姿を見かけると、つい叩き潰したくなりますが、以下のようなエピソードを知ると、少しは見直す気になるかもしれません。

チェコ共和国のヨハヒムスタールは、十六世紀の頃、多量の良質の銀が採掘される指折りの銀鉱山として有名で、この地域では今でもゴキブリを好意的に見ているそうです。それには理由があります。ゴキブリは、通常はこの鉱山の岩窟のなかに隠れているのですが、空気の圧力変化に敏感で、ちょっとした風の揺らぎで落石の前兆を察知すると、隠れていた場所からいっせいに姿を現し、いち早く逃げ出す習性があるのです。そのようなゴキブリの動きを見て、銀鉱山の鉱夫たちは落石の危険から逃れることができたのです。

有毒ガスが発生しやすい炭鉱では、カナリアを鳥かごに入れ先頭に掲げて地下の坑道に入っていくことはご存知だと思います（「炭鉱のカナリア」）。カナリアはほんの少しの有毒ガスで倒れますから、それを見て炭鉱夫たちは危険を察知できたのです。さしずめヨハヒムスタールでは、ゴキブリが「銀鉱山のカナリア」の役を果たしていたことになります。

ゴキブリが微妙な風圧を感知することは、ゴキブリの後ろからどんなに静かに近づいても、サッと逃げられてしまうことで皆さんもよく経験されているでしょう。ゴキブリの腹部には「尾葉」と呼ばれる短いアンテナのような器官が突き出ており、そこには合計四百四十本もの感覚糸が生えていて、それが微妙な風の変化を感じ取ると神経に伝え、直ちに逃走行動を引き起こすのです。それも肢《あし》が地面についているときは走って逃げ、地面についていないときは飛んで逃げることができるという器用さを持っています。「二重トリガー司令ニューロン」と呼ばれる神経回路が働き、行動の切り替えができるのです。

そこで、ゴキブリにマイクロチップを背負わせて司令ニューロンを刺激すると、飛ばせたり、左右に蛇行しながら歩かせたりすることができそうです。さらに視覚センサーを搭載すると、建物の割れ目を検出したり、原子炉内部をクローズアップしたりすることもできるでしょう。ゴキブリを人の目が届かない建築物の遠隔診断に使えるのです。ゴキブリは衛生害虫ですが、利用次第では益虫になることがわかりますね。

ゴキブリに関する、もう一つの面白い実験を紹介しましょう。[*1]スタート地点に投光照明を付け、その反対の到着地点との間を暗くした走路で結び、それに沿ってゴキブリが走るような一直線の装置を作り、実際にゴキブリが走り抜ける速さを測定する実験をした心理学者がいます。ゴキブリは光に当たるのを嫌がるので、暗がりに向かって一生懸命走り抜ける習癖を利用したものです。といっても、ゴキブリの走行速度を測るためではなく、「社会的促進」という心理学研究のための実験なのです。

そのために、走路の両側に透明なプラスチックの箱を取り付け、そこに他のゴキブリを詰め込んで観客として見物できるようにしました。そして、観客のゴキブリがいるときといないときの、ゴキブリが駆け抜ける速さを比べたのです。その結果、観客のゴキブリが見ているときの方が断然速く走り抜けることがわかりました。

生物は単独でいるときは自由な気分で自分のペースを守っていられるのですが、同じ種類の仲間が近くにいて、見られていると意識すると覚醒効果が働き、反応を活発化するという傾向があります。これが「社会的促進」効果で、無意識のうちに起こる生理学的反応です。ジョギングのとき誰かが見ていると意識すると、知らないうちにスピードを上げている自分に気がつきますね。これと同じで、ゴキブリも同じ仲間が見ているときの方が見ていないときより速く走ることで、「社会的促進」効果を証明したというわけです。

（二〇一九年一月十五日351号）

＊1　衛生害虫：それ自身が病原菌を作り出すのではなく、病原菌の運び屋となる昆虫のこと。

31 魚に多く含まれる、EPAとDHAの効能

ある日、中華料理店の前を通りかかったら「EPA入りラーメン」と書かれていて、つい笑ってしまいました。

EPAとは、エイコサペンタエン酸と呼ばれる化学成分で、DHA（ドコサヘキサエン酸）と並んで、魚に多く含まれるω－3（あるいはn－3）系不飽和脂肪酸に分類される脂です。「ラーメンには通常魚が入っていないのに、なぜEPA入りと書いているのだろう。きっと、EPAが健康によいという評判になっているので、それに便乗して宣伝のためにそう書いただけなのだろう」、そう思って商魂の逞《たくま》しさを笑ってしまったのです。

しかし、大手の食品メーカーや水産会社などが、魚から抽出し精製したEPAをサプリメントとして売り出しており、どうやらそれをラーメンに加えているらしく、宣伝文句はまんざら嘘でもないことがわかりました。といっても、サプリメントを溶け込ませて実際の魚を食べたのと同じ効果があるのかは、保証の限りではありません。

先に出てきたω—3（n—3）系不飽和脂肪酸とは、ω—3位（脂肪酸のメチル末端の炭素から数えて3番目という意味）に炭素=炭素二重結合を持つものを指します。このω—3脂肪酸のα—リノレン酸を食物から摂取するとEPAやDHAに変換されるということがわかってきました。EPAやDHAは必須脂肪酸と呼ばれていますが、厳密にはそれらの生成源であるα—リノレン酸が必須脂肪酸であり、体内で他の脂肪酸から合成できないため、食物として摂取する必要があるわけです。それまで長い間気づかれなかった、ごく微量だけれど人体に必須の栄養素として見つかったのは、一九八〇年代になってからのことでした。

EPA（以下、DHAも含む）の有用性が注目されるようになったのは一九七〇年代後半のことです。ＥＰＡが心臓病の予防効果があるとの論文が医学雑誌に発表され、注目を浴びました。通常のヨーロッパ人は牛・豚・羊などの肉を多く摂っていますが、それに比べアザラシの肉を多く食べるグリーンランドのイヌイットの人のほうが、心臓病による死亡率が七分の一というデータが得られたためです。どちらも動物の哺乳類の肉ですから違いが見つからず、すぐにはその理由が分かりませんでした。しかし、食物連鎖に立ち戻って調べてみれば、アザラシはイワシを主食としており、イヌイットの人の血液中にはイワシに由来するＥＰＡが多く含まれていたということが分かりました。

同じように、八十年代に千葉県勝浦市の漁村と農村の食生活と健康状態を比較した調査が行われました。その結果、農村の人々より3倍も多く魚を食べ、血液中のＥＰＡが1.5倍も多い漁村の人たちの方が血液のサラサラ度が3倍も高く、脳卒中のリスクが低いことがわかったのです。このような証拠がいくつも上がってきて、魚に含まれるＥＰＡの効果が注目されるようになり、研究が一気に進みました。

ＥＰＡは血液をサラサラにして血栓を生じにくくさせるので心臓病・脳梗塞・動

脈硬化を防ぐ効果が著しいのですが、それ以外に中性脂肪を低下させて内臓脂肪肥満型の高脂血症や糖尿病の改善に役立ち、関節リウマチ症状を緩和し、一部のがんの予防にも効果がある、といくつもの効能があると報告されています。また、お年寄りが筋肉を落とさず、運動能力を維持するのに役立っているとの研究もあるそうです。

ＥＰＡが多く含まれる食品は魚油食品や肝油、魚ではサンマ、ニシン、サバ、サケ、イワシ、タラ、アジ、ウナギなどです。これらの魚を一日90グラム食べると、推奨摂取量であるほぼ1グラム分のＥＰＡを取り入れることができます。さらに魚をたくさん食べると虚血性心疾患のリスクが低いとか、シーフードを多く摂取する女性ほど母乳内のＤＨＡが高く、産後のうつ病の有病率が低かったそうです。

魚より肉のほうが人気だそうですが、魚食を見直してみてはいかがでしょうか。

（二〇二四年二月十五日４７３号）

＊1　衛生害虫：それ自身が病原菌を作り出すのではなく、病原菌の運び屋となる昆虫のこと。

32

霜降り牛と筋肉牛

最近、外国人を案内して京都のすき焼きの老舗「三嶋亭」に行きました。明治六年（一八七三年）の開業ですから、百四十六年の歴史があります。なぜそんな高級な店に案内したかと言えば、外国からのお客さんはノーベル賞級の業績を挙げた有名な研究者で、初めての来日だし、私が若い頃にアメリカで大いにお世話になったという、三つの条件がそろった教授夫妻なのです。そこで清水の舞台から飛び降りるつもりで超一流の料亭に招待したわけです。

そんなめったにない機会にしか極上の肉を食べられないだけに、私は下手な英会話はそっちのけにして、お客さんよりたくさん肉を食べるのに必死でした。なにしろマスクメロンのようなきれいなサシが入った霜降り肉は、柔らかく、コクと脂っこさと甘みがほどよくミックスされていて、頬っぺたが落ちそうでしたから。

牛が日本に渡来したのは古墳時代中期（4〜5世紀）の頃ですから、和牛にはおよそ千六百年もの歴史があります。奈良時代や江戸時代には牛肉を食べることが禁じられていたのは、庶民がうまいものを食べると怠け者になってしまう、とお上が恐れたためでしょう。一九〇〇年以後、繁殖技術が向上する中で、優れた牛を選んでかけ合わせて、霜降り肉を持つ黒毛和牛を作り上げたのです。

霜降り肉とは、赤身の筋肉の中に脂肪（サシ）がたまり、それが鹿の子模様のようにつながっているもので、英語ではマーブルド・ビーフ（大理石の牛肉）といいます。外国種の牛では脂肪分が皮下脂肪として溜まってしまうため、赤身と脂身がくっきりと分かれているのですが、日本の黒毛和牛は霜降り成分がたっぷり入っていることに特徴があります。外国種の牛も黒毛和牛も先祖は同じであるはずなのに、なぜ肉質がこうも違うのでしょうか。

その秘密は血統、つまり遺伝子にあるようで、牛飼いの長い歴史の中で品種改良を重ねてきた結果なのです。血管の伸び方に関わる遺伝子の作用で、脂肪分を運ぶ血管がジグザグの経路を取っているため霜降りとなるようです。ジグザグになっていると曲がる角ごとに脂肪分が溜まり、それが連なってマスクメロンのようになるのでしょう。一つの血管遺伝子だけの作用によるのではなく、十以上もの異なった遺伝子が関係しているので、遺伝子操作技術を使って簡単に霜降り牛を増産するというわけにはいきません。

一方、たった一つだけの遺伝子が作用した結果と思われているのが筋肉隆々の牛です。ヨーロッパでヘルシーな赤身肉として流通していた筋肉隆々の二品種の牛を調べた結果、ミオスタチンと呼ぶ遺伝子が突然変異のために働かなくなっているためとわかりました。ミオスタチンは、牛が太り過ぎて不健康になることを自ら抑えるため、筋肉細胞の成長を抑制する遺伝子だったのです。最近になって、目的とする遺伝子を働かなくさせるゲノム編集という技術が開発され、実際にミオスタチンが働かないよう遺伝子操作をして、通常の一・三倍もの筋肉隆々の牛ができました。ミオスタチンは、筋肉を持つすべての動物が持っている遺伝子で、すぐにこの技術をマダイに適用し、通常の（野生）の一・五倍もの肉質を持つ筋肉マダイを作り出すのにも成功しました。今では、筋肉マダイは店頭に出回っています。

私は、このように遺伝子操作した生物を拙速に商売にすることに大いなる疑問を持っています。一つの形質が一つの遺伝子と一対一対応していることは比較的少なく、多くの遺伝子が協調して一つの形質を決めていることもあれば、一つの遺伝子がいくつかの形質の発現に関係していることも多いのです。人間の遺伝子はたかだか二万二千個程度とされていますが、そんなに少数で実に多くの遺伝情報を担っているのはこのためでしょう。ミオスタチンについても一つの作用がわかっただけで、関係するかもしれない他の作用について十分解明しないままその働きを遮断してしまうと、遺伝子操作された生き物にいかなる障害が生じ、それが環境に逃げ出した場合、生態系にどのような影響を及ぼすかわかっていないのです。

人間はもっと自然に対して謙虚にならねばと思っています。

（二〇一九年五月十五日359号）

33

シマウマの縞模様

吸血昆虫との攻防の証し

一八七〇年代にチャールズ・ダーウィンは、「なぜシマウマは縞《しま》模様をしているのか？」という疑問を持ちました。シマウマの縞模様が代々遺伝して表れるのには、進化的に有利な何らかの理由があるに違いない、それは何だろう、という問題を投げかけたのです。以来、百五十年以上の間に、いくつもの仮説が出されてきました。

すぐ思いつくのは、縞模様があるためにライオンなどの肉食獣（捕食者）に襲われにくいのではないかという説です。肉食獣は色の識別能力が低く、白黒の縞模様は遠くからでは草原の風景に埋もれて見つかりにくいという考えです。しかし、シマウマを含む馬の仲間は森の開けたところに多く群れていて、縞模様のために見つかりにくいということはなく、この説は有力ではなさそうです。むしろ馬が仲間の群れを手っ取り早く見つけるために、白黒の縞模様が役に立っているのかもしれません。

縞模様の黒い線の数や太さや色の濃さと生息地との関係を調べると、暑いところに住むシマウマほど縞が多く、線が太く、色が濃いことが示されました。そこで、縞模様が皮膚の表面温度を低くするという思いがけない仮説が出されました。黒い部分は太陽光を多く吸収して体温が高くなり、白い部分は太陽光を多く反射するので体温が相対的に低くなります。日光が強い場所ではその温度差が3℃にもなり、黒い部分と白い部分との間に空気の対流(局所的な風)が生じ、それが冷却効果として働くという奇抜なアイディアです。より暑い地域ほど黒白の縞模様がくっきりついているので温度差が大きく、これによって発生する対流も強くなって冷却効果も大きくなる、という説明です。しかし、NHKが「ダーウィンが来た!」という番組制作のために実験してみたところ、辺りを吹き過ぎる風の方が効果的で対流効果は小さいという結果だったそうです。

シマウマの体毛は短いため、ツェツェバエやアブに吸血され伝染病に罹《かか》りやすいのですが、ツェツェバエを多数捕まえて吸った血液を分析したところ、意外にもシマウマの血液はほとんど検出されなかったのです。ツェツェバエはシマウマからあまり吸血していないようなのです。その理由は、これらの吸血昆虫は色が均一な面を好んで着地するためで、シマウマの縞模様が害虫を遠ざけているのではないかと想像されました。実際、馬に縞模様のコートを着せてアブがうようよ飛び交っている場所に連れていくと、馬に近づいたアブは減速せずに通り過ぎてしまったり、馬にぶつかったりすることが多く観察されました。アブは縞模様の馬の背にあまり着地しないのです。どうやら、縞模様がアブの視覚を眩《くら》ませている可能性がありそうです。

そこで日本の農業試験場の研究者が、「シマウマ」の実験を「シマウシ」で行うことを思いつきました。シマウマは黒い地に白い毛が生えていることから、黒毛和牛をシマウマに似た白模様に塗装し、牛白血病などの病気を媒介する天敵であるアブやサシバエに対して、縞模様がどういう効果を及ぼしているかを調べる「シマウシ」実験を行ったのです。牛はこれらの昆虫に血を吸われると痛いので追い払おうと尻尾をふって盛んに忌避しようとします。

準備したのは、毛を白色の縞模様にペイントした「白シマウシ」、黒の縞模様にペイントした「黒シマウシ」、そして何もペイントしない「シマ無しウシ」の三種類の牛です（「黒シマウシ」を加えたのは塗装の効果のチェックのためです）。それらにアブやサシバエがたかる数や牛の忌避行動を比較したのです。その結果、「白シマウシ」に付着するアブなどの吸血昆虫の数は、「黒シマウシ」と「シマ無しウシ」にたかる数に比べて50％も減少し、牛の忌避行動も25％減少しました。こうして、白黒の縞模様が昆虫を遠ざける効果があることがはっきり示されたことになります。

シマウマの縞模様は、馬と吸血昆虫の攻防の歴史を体現していると言えそうですね。

（二〇二三年七月十五日４５９号）

34

蚊が持つ驚異の能力

昔と比べると、めっきり蚊に襲われることが減りました。蚊が卵を産み落とし幼虫である孑孑《ぼうふら》が生息する水たまりが町中から追放されたためです。わが家ではすべての窓に網戸を取り付けて蚊の侵入を防御しています。それでも、どこから入って来たのか、寝床で「ブーン」という蚊の羽音が聞こえると、イラっとして寝付かれないので格闘し、成果もなくあきらめて寝入った途端に血を吸われ、痒くて悔しくてますます寝られなかった、ということが何度かありました。このようにうっとうしい蚊ですが、地球温暖化や都市化のために活動範囲や活動時期が拡大しており、マラリアなどの感染症が日本でも拡がる危険性が指摘されています。

日本に多い蚊は遠くからやってきて夜間に活動するアカイエカと行動範囲が狭く昼間に出てくるヤブカの二種類が代表的です。アカイエカは側溝やお墓の花挿しなど雨水が溜まった水たまりが、ヤブカは草むらや薮が発生源です。かつては、ヤブカは寒い地方には生存しなかったのですが、地球温暖化で北上しており、今や本州全体が活動領域になっています。活動時期が五月から十一月までと長くなっているのは、温暖化以外に、温水を含んだ下水溝などが都市に増えたため、蚊が秋を越せるようになったことも原因のようです。マラリアを媒介するハマダラカが南方から北上しており、日本列島に接近しつつあります。

蚊は通常は花の蜜や果汁などの糖分を主食としており、血を吸うのはメスで、産卵期に卵を成熟させるため、高カロリーの動物の血を求めているのです。犬や猫では肌が露出している部分が鼻くらいしかないため、手足や首周辺など肌の露出度が高い人間の血に惹かれるのです。オスはメスを妊娠させる以外に仕事はなく、草の露などで飢えをしのぎ、やがて死んでいくという哀れな存在です。

蚊の驚異的な能力を紹介しましょう。蚊は暗闇で100メートルも離れている人間を探し当てられるのは赤外線センサーを持っているためです。体温が三十六度くらいの人間は赤外線を放っているのです。赤外線センサーで人間を確認すると、二酸化炭素（炭酸ガス）センサーを働かせて呼気に含まれる炭酸ガスを感知してぐっと接近します。新陳代謝の盛んな赤ん坊や酒を飲んだ人に蚊が多く集まるのは、炭酸ガスを多く吐き出しているためです。人間の傍に来ると、乳酸センサーを働かせて汗に含まれる乳酸を感受して汗腺に接近し、超音波センサーで毛細血管の位置を探り当て、そこに針を突き刺すのです。さらに血管内で針先が止まるよう血漿《けっしょう》を感知するセンサーを備えています。あの小さな体に以上の５種類もの高感度センサーを備えているのに驚きますね。

蚊は長い口吻《こうふん》を持っていますが、その円筒状の上半面は血液を吸う管、下半面は唾液を送る管となっており、左右に針状の大顎と小顎が並んでいます。吸血のとき、まず小顎の先端にある鋸のような歯で皮膚を切り開き、そこに大顎の針を突き刺すのです。そして、まずヒスタミンを含む唾液を注入し、それから吸血します。唾液を送る管と血液を吸う管に分かれているのはそのためです。ヒスタミン入りの唾液を先に注入するのは、せっかく吸った血液が蚊の体内で凝固しないようにするためです。血液は空気に触れると凝固しますから。一方、蚊に刺された人体では、ヒスタミンがアレルギー反応を引き起こし、血管が拡張して人は痒くなるというわけです。

最後に、思いがけない蚊の効用を述べておきましょう。普段花の蜜を吸っている蚊は、結果として植物の受粉の手助けをしていることです。チョコレートの原料であるカカオは花が非常に小さく複雑な構造をしており、3ミリメートル以下の虫しか蜜の位置にたどりつけません。このカカオの受粉を行っているのが蚊の一種であるヌカカだそうです。ヌカカがいるおかげで、私たちはチョコレートやココアを楽しむことができるので、この蚊に感謝しなければなりません。

（二〇二四年六月十五日４８１号）

35 たくましい、海を渡るチョウ

都会ではその姿を見かけることが滅多になくなりましたが、チョウがたまにひらひらと舞いながら花から花へと飛び移っていくさまを見ると、なんだか私の魂も引き寄せられ、一緒になって空を翔けていくような気分にさせられます。風で吹き飛ばされてしまうようなか弱いチョウであるからこそ、けなげに生きていることによけい情が移るのかもしれません。

しかし、チョウの種類によっては、海を越えて何千キロメートルもの空の旅をしていることがよく知られるようになりました。南方の暑い地域に住むチョウが、台風や季節風に乗せられて寒い地域に移動させられていること（これを「迷チョウ」と言います）は昔から知られていたのですが、これとは違って、渡り鳥と同じように季節ごとに大移動をしていることがわかってきたのです。昔々からずっと続いている飛翔行動で、チョウは決してか弱い存在ではありません。

よく知られているのは、北アメリカ大陸のオオカバマダラで、八月下旬にカナダ南部からメキシコまでおよそ３８００キロメートルもの距離を移動し、冬を越して翌年の三月下旬には逆コースを戻っていくそうです。メキシコに到着後冬を越すまでは同一世代ですが、カナダへ移動しているうちに二代目、三代目と世代交代しており、翌年に再度メキシコへ旅立つのは三〜四代目のチョウで、一度も見たこともない越冬地に旅立つというわけです。しかも、毎年同じ木にチョウたちが集まるそうで、なぜそういう習性があるのかわかっていません。

また、ウラナミシジミというチョウがドーバー海峡を越えてフランスからイギリスへ移動していることを、早くも十九世紀の博物学者が記録しています。さらにイギリスの登山隊が４０００メートルものアルプスで、ウラナミシジミの大群を目撃したそうです。

日本では長距離を移動するチョウとしてアサギマダラが有名です。春から夏にかけては本州の高地や北海道南部で暮らし、秋になると南日本や台湾方面にまで渡っています。きっと、あまり暑い所や寒い所が苦手で、ほどよい暖かさ・涼しさの場所を好むチョウなのでしょう。日本各地で、アサギマダラを採取して羽に油性ペンで印をつけて放し、それが見つかった場所からどれくらいの距離を飛んできたかを調べる調査（マーキング調査と言います）が行われてきました。

その記録では、山形県の蔵王を飛び立ったアサギマダラが、三ヵ月後に沖縄の与那国島久部良岳の山頂で見つかった例があるそうで、その直線距離は２２４６キロメートルにもなります。三ヵ月間休まずずっと飛び続けたとして、一日平均で25キロメートルも移動したことになるわけです。同じ方法で一日数百キロメートルも移動したことが確認された記録もあり、チョウの秘めたる飛翔能力には驚きますね。

白いチョウの大群が海を渡っているのに遭遇した漁師の方の、おもしろい目撃談を紹介しておきましょう（『海をわたる蝶』日浦昇著、蒼樹書房）。この漁師さんが種子島と志布志間のサバ取り船に乗船していたとき、長さ１４０～１５０メートルの帯状で、海面から10メートルくらいの高さを、種子島の方向に向かってチョウの集団が飛んでいるのを目撃したのです。何十万どころの数ではないでしょう。さらに船を進めると、青い海の上に白い敷物が敷かれているかのように、小さな白いチョウがいっぱい浮かんでいたそうで、波が高くなると飛び立つので生きているのは確かです。よく観察すると、のんきに波に揺られてサーフィンしているもの、意識を失って夢心地になっているもの、一方の羽は海面にくっつけ、他方の羽は帆掛け船のように直角に立てているものなど、さまざまに波の上で休息しているようであったと語っています。このチョウはモンシロチョウではないかと推測されています。

あの小さい体なのに、何千キロメートルも飛んでいける体力をどこに備えているのでしょうか。こんなチョウのけなげな生態を知ると、なんだかいっそう愛おしくなってきますね。

（二〇一八年八月十五日341号）

36

数を数える動物

百年程前、ドイツで「クレバー・ハンス」と呼ばれた賢い馬が登場して、人々を驚かせたことがあります。飼い主が簡単な計算問題をドイツ語で質問すると、ハンスはその答えの数を蹄《ひづめ》で地面を打って示すのです。また、紙に書かれた問題文を見せるだけでも、正確に答えを出すことができました。こうして、ハンスは数を数えるだけではなく、ドイツ語を聞き読むことまでできる高度な知能を持つ天才馬だと大きな評判になったのです。馬にそんな高級な能力はないはずと考えた学者が、何かトリックを使っているのではないかと調査しました。ところが、飼い主が合図を送っている様子もなく、飼い主以外の人間が問題を出しても正解するので、正真正銘の能力だとお墨付きを与えざるをえませんでした。

しかし、疑い深い動物学者がさらに粘り強く調査を続け、三年ほど経って、ようやく真相が暴かれました。ハンスは、ショーを見ている観客の無意識の表情や非常に小さな体の動きを読み取り、蹄を打ち終えるタイミングを判断していたというのです。観客は、ハンスが打つ蹄の数が正解に近づくと体が緊張して前のめりになり、正解になると目を見開き、ハッと息を呑み込んだりします。この無意識の変化をハンスは感知して蹄を打つのを止めていたわけです。その証拠に、問題をハンスにだけ見せて観客がわからないようにすると、ハンスはいつまでも蹄を打ち続けていました。観客が無反応なので、ハンスもどこで蹄を打つのを止めるか判断できなかったのです。ハンスは数学や語学の天才ではなく、ごく些細な動きから人間の心理を読み取る天才であったのです。

それ以来、動物が数を数えられるということには否定的な意見が多数でした。ところが、さまざまな実験や観察から鳥やサルにも数を数える能力があるのではないかと示唆されるようになっています。

ヒタキという鳥に、まず樹木に穴を開けて穴ごとに異なった数の虫を入れる作業を見せておきます。その後、ヒタキがどう反応するかを観察すると、虫の数がもっとも多い穴に群がりました。ヒタキは作業を見ているうちに、ちゃんと虫の数が多いか少ないかを勘定していたのです。さらに、ヒタキが目を離した隙に虫の一部を取り除いて減らすと、穴の周辺を二時間もかけて調べ回り、いなくなった虫を探したそうです。虫の数まで認識していたかどうかわかりませんが、少なくとも虫の数が減っていることについてははっきり認識していたと推測されますね。

サルの場合、耳で聞いた音の回数と同じ数のものを、目で見たものの中から選べることがわかりました。聴覚と視覚とが結合していて、数合わせができることを示しています。また、複数個の物体を何組か見せた後に、いったん覆いをかけて隠し、何個かを取り除くところを見せておきます。その後に覆いを外すと、サルは個数が減らされたセットを正しく選び出しました。サルは引き算もできるのです。

さらに、サルを訓練すると、色・形・大きさがすべて同じ物体を複数個集めて組にした2セットのうち、必ず数の少ない方を選ぶことができるようになり、色や形や大きさを変えても選ぶ正確さや反応速度が変わらなかったという報告もあります。あるサルの場合、大学生を上回る速さで反応したそうです。サルは間違っても気にすることなく次の問題に取り組むのに対し、大学生は間違ってはいけないという不安のために速さが落ちてしまうのです。人に傍から見られている場合は、特にこの差は大きくなるそうで、サルは周囲を気にせず、人は人の目が緊張感を高めるのでしょう。

このような例があるからといって、動物に数感覚があって、頭の中で一・二・三と数えているのではなさそうです。しかし、物体の多い・少ないの集合を把握する能力を持っていることは確かだと思われます。

では、さて人間の赤ん坊は成長とともに、どのように数の認識を獲得していくのでしょうか。動物と人間の生得の能力の差を探ってみたくなりますね。

（二〇二一年一月十五日３９９号）

37

道具を使うイルカ

マリンパークで、何頭ものイルカが揃って立ち泳ぎしたり、海面上に大きくジャンプしたりするイルカショーが人気です。知能が高いイルカは、訓練すれば芸をすぐに覚えるためでしょう。これらのイルカは狭い囲いに監禁して飼育するので、ストレスが大きく残酷であると抗議する人がいる一方、野生のイルカの半数以上は何らかの病気に罹っているけれど、飼育下のイルカは遥かに健康的だという反論もあります。イルカショーを見たいなら、船で野生のイルカと並走しながら泳ぐ様子を観察するドルフィン・ウォッチングが最適なのでしょうが、お金がかかるので手軽に見物するというわけにはいきません。

イルカは濁った水中では物が見えにくくなるため目が退化しており、その代わりに水中でも遠くまで伝わる超音波を使うようになりました。水中マイクで音声を聞くと、イルカ同士が情報を交換し合う音声を聞くことができます。また、イルカが反響定位（エコ・ロケーション）で餌を取っていることもわかりました。反響定位はコウモリなど暗闇で活動する動物が使っており、対象物に向かって超音波を発射し、反射してきた波の波長を測定することで、その位置や動き、大きさを推定することができるのです。イルカは反響定位を使う海の動物で、何だか頼もしくなりますね。

そのためか、西洋ではイルカを特に可愛がっていて、天の川の近くに「いるか座」という名が付いた星座があります。音楽会で優勝した詩人のアリオンが船員に襲われたとき、死ぬ前に竪琴を演奏させて欲しいと頼んで弾き始めたらイルカの群れがやって来て、海に身を投げたアリオンを背中に乗せて故郷に連れ帰ったという神話があります。それを賞《め》でて星座になったというわけです。他方、日本ではイルカの追い込み漁を行っており、これを撮影した映画が公開されて残酷だと話題になりました。

イルカは海に棲む哺乳類の一種ですが、子育てを熱心に行う動物としても知られています。子育て中の母親も餌を採りに出かけねばならないので、授乳に長い時間を使うことができません。そのためなのでしょう、イルカの母乳に含まれる脂肪分やタンパク質は人間の母乳の九倍にもなるそうです。母と子の結びつきの強さを示しているかのようです。

イルカが道具を使い、それを母親から娘に伝授しているのではないか、という観察結果が報告されています。オーストラリアの西海岸でイルカの観察が四十年以上行われているのですが、そこで面白い現象が見られたのです。あるグループのイルカがスポンジ状の海綿を切り裂いて、鼻の頭に被せて泳いでいるのです。海底に潜む魚を追い出すための工夫なのだろうと推測されました。百八十五頭のうち十三頭が海綿を被っており、一頭を除いてすべてがメスでした。なぜ十三頭だけが、それもほとんどメスのイルカが海綿を被っているのでしょうか。

それらの遺伝子を調べてみても、他のイルカと何ら変わらなかったので、遺伝的な原因ではなさそうです。そこで提案されたのは、イルカが隠れている魚を追い出すとき、自分の口先を保護するための道具として使っているのではないか、そしてその道具を使う「文化」が母親から娘に伝えられているのではないか、という仮説です。もしその仮説が正しいなら、ヒトやサル以外に道具を工夫して使う動物が見つかったことになります。とすると、やがて海綿を道具として使う習慣がイルカ全体に広がるかもしれません。「文化」は、役に立つとわかれば、見様見真似で習得され、さらに洗練されていくものであるからです。かつて、サルが海水でイモを洗う「文化」が瞬く間にサルの集団に広がったことがありました。

最近では、海綿の代わりにコンク貝を口の先に咥《くわ》えて振って、魚を口に入れ込むイルカも現れているそうで、新たな工夫かもしれません。やがてどのイルカも何らかの道具を使って漁をするようになるのでしょうか。そうなれば面白いでしょうね。

（二〇二〇年三月十五日379号）

38

海の酸性化とクジラの受難

大気中の二酸化炭素濃度が増えた結果、海水に溶け込む二酸化炭素量が増えて海の酸性化が進むと警告されています。酸性度は水中の水素イオン濃度の指標であるpH（ペーハー）で示され、純粋の水は「中性」でpHは7、酸性度が低くなるとpHが7以上で「アルカリ性」、酸性度が高くなるとpHが7以下で「酸性」と、化学の授業で習いましたね。

二酸化炭素が海水に溶けると、炭酸水素イオンと炭酸イオンになり、その反応過程で水素イオンが作られるので、海水のpHが下がって酸性度が増します。現在の空気中の二酸化炭素濃度は400ppm（1ppmは百万分の一のことですから、0・04％です）

を越えており、産業革命以前は280ppm程度であったことを考えると、40%以上も増えました。その結果として海に溶け込む水素イオンの量も増え、産業革命前の海はpHが8・17程度であったのが、現在は8・06くらいに下がって、海の酸性化は確実に進行していることがわかります。

通常、二酸化炭素が海水に溶けたときにできる炭酸イオンは、水中のカルシウムイオンと結びついて水に溶けにくい炭酸カルシウムになります。これによって貝類やサンゴなど貝殻や骨格を持つ生物（石灰化生物）が誕生し、豊かな海の生態系を形成しているのです。これら生物の殻が堆積してできた石灰岩は、海底が隆起してできたアルプスやヒマラヤの山にも多く見られ、大理石もその一種です。

ところが、海の酸性化が進むと、増加した水素イオンによって炭酸イオンが中和されて濃度が下がり、炭酸カルシウムが生成されにくくなります。例えば、空気中の二酸化炭素濃度が（二十一世紀後半に予想されている）現在の一・六倍の640ppmを超えると、海水表面のpHは7・84まで下がり、炭酸カルシウムの結晶形の一つであるアラゴナイトが海水に溶けるようになってしまいます。そうなると巻貝のようなアラゴナイトの殻を持つ貝類は生きて行くことができません。実際、パプアニューギニアの周辺海域では、海底から噴出する二酸化炭素濃度が高いため、アラゴナイトを生成して成長するタイプの生物が有意に少ないことが報告されています。また、二億五千万年前のペルム紀に起こった大絶滅の際には、特大火山の噴火で海の酸性化が異常に進んだため、海洋生物のほとんどが消滅したと考えられています。

大気中の二酸化炭素濃度の上昇は、温室効果によって地球温暖化に寄与するとともに、海の酸性化を促して海洋の生態系を破壊してしまう危険性があるのです。

さらに、海の酸性化はクジラの生態に思いがけない悪影響を及ぼすのではないかという指摘があります。シロナガスクジラやザトウクジラのオスが歌を歌うことは良く知られています。水中では光はほとんど伝わらないため、海の哺乳動物は情報交換に空気中より四倍も速く伝わる音波を使っています。ザトウクジラのオスは交配期に発声するので、メスに求愛するのに歌を歌っていると考えられます。それに加えて危険を察知すると警告音を発して仲間に知らせているようですから、音は意思疎通の大切な手段なのです。

現在、海洋哺乳動物の音環境に大きな悪影響を与えているものに、船舶の頻繁な航行や潜水艦によるスクリュー音、海底地震実験などがあり、雑音・騒音が増えたためにクジラが方向感覚を失って座礁することが増えたと言われています。また、海中の音波は海の酸性度が高くなると、より遠くまで伝わるようになるそうで、海水のpHが現在の8・06くらいから、先ほどの7・84くらいになると、二〇一四年時点に比べて周波数が10キロヘルツで約一・四倍、1キロヘルツや50キロヘルツで約一・三倍伝わりやすくなると計算されています。つまり、以前と比べて、より遠くからの雑音までが伝わってくるようになり、騒音だらけの海中でクジラの歌はかき消されてしまう可能性があるのです。

一つの現象が、思いがけないところで思いがけない効果が生じることに気をつけねばなりませんね。

（二〇一八年一月十五日327号）

39

歌うクジラ

クジラが歌を歌うことはよく知られています。太陽系から離れて宇宙を進み、地球外生命体（宇宙人）と遭遇するかもしれないボイジャー1号、2号には、ザトウクジラの歌を記録したレコードが積み込まれています。地球上の生命が多様であることを宇宙人に知らせるためです。

大人になると体長が13メートルを超え、体重が40トンにも達するザトウクジラの歌は、一曲で数分から三十分以上続き、何回も繰り返して歌い、最長で二十時間も続いた記録があるそうです。詳しく調べると、その歌は複雑な「階層構造」を成しており、さまざまな周波数で反復的に音を発していることがわかってきました。

歌の最も基本となる階層は「楽音」と呼ばれ、数秒続く中断のない単一の発声ですが、音が高くなったり低くなったりする周波数変調や音量が変化する振幅変調が伴います。次に、楽音が4～6個連なった「サブフレーズ」が十秒ほど続き、二つのサブフレーズから「フレーズ」（楽句）が構成され、普通2～4分の間同じフレーズを何度も繰り返すのです。これが「テーマ」（旋律）で、いくつものテーマが集まって「歌」となって二十分ほど続き、同じ歌を繰り返して何時間も歌い続けるのです。加えて、一カ月くらいの間に楽音の周波数変調や振幅変調が新たに起こって変化し、それが積み重なって時間とともに少しずつ変容してゆくようです。一般に、オスのザトウクジラは交配期に限って歌を歌うことが多いので、歌の目的はおそらくメスの気を惹くためか、他のオスを斥けるためであろうと想像されています。

ザトウクジラは、大雑把に言って北太平洋域と北大西洋域そして南半球領域に生息し、地域ごとに集団（群れ）を形成していて、集団間の交流はほとんどありません。例えば、オーストラリア大陸の西岸の群れと東岸の群れは5000キロメートル以上離れており、互いに独立して回遊運動をしています。同じ地域のクジラはよく似た歌を歌う傾向があるのですが、離れるに従って少しずつ歌は異なるようになり、大陸で隔てられた場合では、明らかに異なった歌を歌うのだそうです。ザトウクジラの歌は、生まれ在所を表す手形のようなものではないか、と思われていました。

ところが、オーストラリアの東海岸に生息するザトウクジラの歌が、ほんの二年ばかりの間にすっかり変わってしまったことが観察されたのです。一九九五年、この東海岸のザトウクジラの群れはみんな同じ歌を歌っていました。翌一九九六年に、オーストラリア大陸西岸に棲んでいたザトウクジラ数頭が海流に乗って東海岸まで迷い込む事件が起こりました。そして、これらの西海岸のクジラは、東海岸の仲間とはまったく異なった歌を歌って引き揚げていったのです。その年、東海岸に生息していた八二頭のクジラのうち二頭が、西海岸のクジラの歌を歌ったそうです。きっと物好きなクジラで、西海岸のクジラが歌った新しい歌が気に入って口ずさんだのでしょう。ところが、一九九七年になると、百十二頭にまで増えた東海岸のクジラのうち九四頭が新しい歌を、十五頭が旧来の歌を、三頭が両方の特徴を持った歌を歌うようになり、一九九八年にはすべてのクジラが新しい歌を歌うようになったのです。

さて、何がクジラの歌を変えさせたのか、その理由はわかっていません。しかし私は、ジャズが日本に入って来た頃にも同じようなことが起こったのではないかと想像しています。寺田寅彦がエッセイに書いているように、明治期に流入してきたジャズがラジオで放送されるようになると、古い大人たちはうるさい雑音にすぎないと拒否していました。けれど、伝統に縛られない、新感覚の少数の若者がまず飛びついて口ずさむようになり、やがて世代が交代していくにつれ社会の中に浸透していき、そのうちに誰でもジャズを楽しむようになった、というわけです。クジラの世界でも交流によって文化の革命が生じたのではないでしょうか。

（二〇二四年十月十五日４８９号）

40

春先、三つの出合いの危機

今冬は何度もドカ雪が降って、高速道路の渋滞が繰り返し報道されました。しかし、その割には冬の平均気温は高く、桜の開花宣言が東京では三月十四日に、大阪では二十一日になされました。かつては四月の第一週が桜の満開時期であったのに、今や三月半ばの週へと、どんどん早まっています。私たちは、厳しい寒さの冬が短くなり、暖かい春が早くやってくるのを素直に喜んでいますが、地球温暖化によって生態系に異変を生じさせている可能性はないのでしょうか。少々心配になります。

春先には、植物は柔らかな葉が萌え出でる新緑となり、蝶や蛾の幼虫である毛虫たちが蠢《うごめ》きはじめ、鳥の卵が孵化してヒナが餌をねだる、という三つの重要な出合いの時期です。その出合いのおかげで、毛虫はまだ柔らかな葉っぱを貪り食べて太り、その毛虫を親鳥は次々と啄《ついば》んで腹を空かせたヒナに与えています。観察によれば、親鳥は一羽のヒナに一日約五十四もの毛虫を与えているようで、ヒナが五羽も孵化したら親鳥はおちおち休んでいられません。そのためでしょう、ツバメはヒナに毛虫を運ぶために忙しく巣を出入りしているのです。

そんな春先の光景を見ながら、自然界で起こっていることを思い浮かべてみましょう。親鳥が一羽のヒナに与える毛虫の数が一日に約五十四とすると、ヒナが五羽もいれば二百五十四も採取してこなければなりません。夫婦で毛虫集めをするとして、自分たちが食べる分もありますから、各々が最低二百匹ずつ、計四百匹も集めねばならない計算になります。ヒナが育つまで、親鳥は毎日その過酷な仕事をしなければならないのです。親鳥の苦労を偲ぶとともに、そんな働きがあればこそ、山野が毛虫だらけにならないことに私たちは感謝すべきですね。

地球温暖化による、「新緑」と「毛虫」と「鳥の孵化」という三つの出合いへの影響を想像してみましょう。もし新緑が早まって毛虫が出てくる頃にはもう固い葉っぱになっていたり、逆に毛虫が育つ頃なのに新緑の葉が姿を現していなかったら、毛虫は食べ物不足で死んでしまうでしょう。毛虫がいなければ、親鳥は孵化したヒナに餌を与えられず、ヒナが育たなくなります。だから、鳥の孵化の時期が少し早まったり、遅くなったりしても同じような事態が生じるでしょう。つまり、春先の時を一つにした三つの出合いは、生態系の食物連鎖にとって決定的に重要であり、その一つでも時期がずれたら健全な生態系が保てなくなるのです。

春の温度が三つの出合いをちゃんと調節しているさ、と安心していいのでしょうか。新緑は植物、毛虫は昆虫、小鳥は鳥類で、それぞれ違った生物種ですから気温への感受性も異なっている可能性があります。そうだとすると、地球温暖化によって三つの出合いが一致しなくなる事態が生じることがあるかもしれません。

実際に、地球温暖化のために、渡り鳥のヒナが餌にありつけず、空腹を抱える羽目に陥っているらしいことをイギリスの研究グループが報告しています。アオガラ、シジュウカラ、マダラヒタキという三種の鳥のヒナは、ナラやカシの木の葉を食べる幼虫を餌にしているのですが、鳥がヒナを育てる時期と幼虫が数多く出現する時期がずれていることがわかってきたのです。最もズレが大きかったのは、冬の間アフリカで過ごし、夏にイギリスに来て繁殖するマダラヒタキでした。冬の間イギリスにいないマダラヒタキは、中緯度地方のヨーロッパの春の訪れが早くなっていることを知らず、やって来た頃にはエサ不足で子育てに困っているようなのです。

日本で言えば、南の国からやって来るツバメが、日本に着いた頃には、もう毛虫はいなくなっていてヒナを育てられない、ということになりかねません。地球温暖化が知らず知らずのうちに生態系を破壊してしまうことを、私たちは知っておくべきでしょう。もっとも、それに気づいたときはもう手遅れなのかもしれませんが。

（二〇二一年四月十五日４０５号）

3章

植物と遺伝子とウイルス

41

野菜の鮮度を測る

人類の歴史は、対象とする物の数や大きさや重さを測って数値化し、それによってその物を特徴づけて他と区別したり、それから何らかの意味を読み取ったりする歴史であったと言えるかもしれません。

原始時代には住むべき洞窟の大きさを選ぶのに背の高さを基準とし、手の大きさに合わせて石器を作ったことでしょう。やがて、棒を一本立ててその影の長さから太陽の高さを測り、時間を測るという工夫をするようになりました。この日時計の発見は、自然の測定が一日の変化を追跡する重要な手段となることがわかったのではないでしょうか。

以来、身長や面積など長さにかかわる物差し、桝の大きさなど体積にかかわる枡《ます》、体重など重量を測る秤、というような「度量衡」と呼ばれる計量の基準が決められ、さらに速度、音量、光度、視力、握力、湿度、血圧など、身の周りのあらゆる状態や能力や変化が測定の対象となりました。人間は、物体の有り様をより正確に表現するために、その物体の特性を測って数値で表現したがる動物かもしれません。

最近では、これまで測ることができないと思われていた量まで測定することができるようになりました。ここに紹介するのは、私が大いに感心した緑野菜の鮮度測定器です。

私たちは普通、緑野菜の新鮮であるかどうかを判断するのは、青々している、葉がしっかりしてみずみずしいというような、外見から受ける印象です。でも、見映えだけ新鮮そうに見せかける小細工をすることも可能で、それだけでは本当の新鮮度はわかりません。そのため緑野菜の新鮮度を正確に測る方法が模索されてきました。それは消費者への重要な情報になることは言うまでもありません。しかし、物体の度量衡のような実体の物理的性質の測定ではありません。そこで、化学的あるいは生物的反応を通じて、見えない部分の様態を探る手法の開発が進められたのです。

緑野菜の場合、新鮮であるうちは収穫後も光合成を行っています。光合成は、水と二酸化炭素が太陽光のエネルギーを得て結合して炭水化物（でんぷん）を作る反応でしたね。この光合成は葉緑素で行われているのはご存じでしょう。そのため私たちは、つい葉っぱの緑色の部分（葉緑素）が緑色の光を吸収して光合成が進んでいるように思ってしまうのですが、そうではありません。緑色に見えるということは入ってきた緑色の光を吸収せず、そのまま反射しているためで、実は葉緑素の部分では主に赤い色を吸収し、光合成はそのエネルギーを利用しているのです。

そこで、野菜の葉に赤い色の光を当てて反射して出てくる量を測ればどうでしょうか。赤い色の反射が弱ければ、まだその葉っぱでは赤色光を吸収していること、つまり光合成が続いていて新鮮である証拠になります。反対に赤い色の反射が強ければ、赤色光を吸収しなくなっており、もはや光合成を行わなくなっている古い野菜と考えていいでしょう。赤い色の光を当てて反射の強さを調べるだけで、緑野菜の新鮮度が調べられるのです。ホウレンソウやコマツナなど多くの葉物野菜の鮮度判定に、この測定器が使われています。

さらに装置を高度化して、サンプル食品に鮮度に関係する光を照射し、その反射強度と吸収強度を長時間にわたって測定して記録しておき、実際の食品に光を当てた結果とサンプルの数値とを比較すれば、収穫から何日目のデータに合う数値だとわかります。鮮度を測るのに適した波長（色）の光を見つけて、この方法を応用すれば、光合成をしないニンジンやトマト、さらに牛肉や刺身、牛乳やケーキにまで応用できるでしょう。むろん、食品の表面の光の反射作用を利用するので、タマネギやカボチャの中身まで調べるのは難しそうですが、それも工夫次第で将来可能になるかもしれません。最近では、音波を当てるとか、超高周波数の電波を当てて食品の内部状態を調べるような手法も開発されているようです。

店頭にこんな鮮度測定器を設置しておけばいいと思うのに、そんな店は多くありません。道具を使わないと食品の鮮度を直に見抜くことができない店は信用されない、と考えられているためでしょうか。

（二〇二〇年十一月十五日395号）

42

リンゴの皮の輝き

青森県・津軽に在住する友人が、毎年冬になると新しく収穫したリンゴを一箱送ってくれるので、ありがたく頂いています。欧米に「一日一個のリンゴで医者いらず」という諺《ことわざ》があるように、リンゴは健康に良い果物として知られています。実際、リンゴにはカリウム、カルシウム、鉄、食物繊維、ビタミンC、有機酸が多く含まれており、健康食品としてうってつけと言えるでしょう。

宣伝文句をそのまま使えば、血圧を下げる作用をするカリウムは高血圧の予防、食物繊維のペクチンやセルロースは腸の消化・吸収を促す整腸作用、ビタミンCはアミノ酸の代謝に関与して健康維持に不可欠で、リンゴ酸やクエン酸などの有機酸は疲労をもたらす乳酸を減らして新陳代謝を活発にし疲れを取り除いてくれる、といいことづくめです。おまけは、リンゴを丸かじりするとシャキッとした歯ざわりで、このときリンゴの果肉が歯についた食べ滓を落としてくれるので虫歯予防にもなることです。欧米では「自然の歯ブラシ」とも呼ばれていますが、言い得て妙ですね。

ところで、送られてきたリンゴの表面が「べたべた」しているので、友人に「何か塗ってあるの?」と聞いたことがあります。きれいに見せるためとか、虫が付かないよう、わざわざワックスのようなものを塗っているのではないかと思ったのです。でもそれは誤解でした。リンゴ自身が出す天然の成分で、自分で新鮮さを保つための成分を作り出していて、「油あがり」と呼ばれているのだそうです。リンゴが完熟している証拠なのです。

リンゴの表面には表皮細胞があり、そこから透明で滑らかな脂肪物質が染み出て表面を覆っています。「クチクラ」と呼ぶロウのような物質で、水分の蒸発を抑えてみずみずしさを保ち、病原菌が侵入するのを防ぐという重要な役割を果たしています。他に、表面からリノール酸やオイレン酸という脂肪の仲間も染み出ていて、ロウ物質を溶かすため表面が光っていて、べたべたした状態になるのです。リノール酸やオイレン酸は不飽和脂肪酸と呼ばれ、栄養価が高い指標になっています。ですから、「油あがり」はリンゴが食べごろになったという信号で人に害はありません。「つがる」や「ジョナゴールド」が特に「油あがり」を多く出す品種です。

これとは別に、「陸奥《むつ》」や「デリシャス」では粉がついたようになり、表面がざらついています。この粉は「果粉（ブルーム）」と呼ばれ、クチクラの一部が粒状に変化したもので、水に溶けにくく乾燥や雨による病気から本体を守る役目を果たしていると考えられています。収穫してから少しずつ剥がれていきますから、「ざらざら」しているものの方が新鮮なリンゴなのです。

海外産のリンゴには日持ちをさせるためワックスが塗られていることがあるそうですが、国内産のリンゴは一つひとつ手作業で収穫していますから傷がつきにくく、新鮮なまま家庭に届くので、そもそもワックスを塗る必要がないのです。リンゴの「べたべた」や「ざらざら」は、歓迎すべき新鮮さの証拠と言えるでしょう。

ブドウやキュウリに白い粉のようなものがついているのに気付かれたことはありま

せんか？ 農薬が残っていると誤解する人がいるようですが、あれもクチクラが変化したもので、鮮度が良い印なのです。

実は、クチクラは果物だけでなく、野菜や木の葉などいろんな植物の表面に分泌されています。ミカンやツバキの葉に光沢があるのはクチクラの働きです。乾燥地や日差しが強い海岸に育つ植物では水が蒸発しやすいので、それを防ぐために葉が日光を効率よく反射するよう工夫した結果なのです。常緑広葉樹のシイやツバキなどから成る「照葉樹林」とは、クチクラ層が発達した樹木の葉のために、表面が照って見える林のことです。また、甲虫の殻を作っている生体物質もクチクラですし、人間など哺乳類の毛の表面を覆っているキューティクル（角皮）も同じ仲間です。

地上の生命は太陽の光を享受しつつ、過剰に浴びないよう工夫しているのですね。

（二〇二三年二月十五日449号）

43 バナナの歴史とクローンの弱点

高齢の人にとっては、子どもの頃、バナナは高級な果物でした。病気で入院したときのお見舞でしかお目にかからなかった、という記憶が沁みついていて、貴重な果物という思いから抜けきれないのではないでしょうか。高度成長期に入るとバナナの輸入が増え、街頭で「バナナの叩き売り」が行われるようになりました。鉢巻をしたおじさんがどんどん値段を下げていくのを、ハラハラしながら見ていたものです。今では五本のグローブが二百円と安く手に入るのですが、値段が高い時代を知っている私は未だにおそるおそる口にするという始末です。

今、世界中で、コメ・コムギ・ジャガイモ・トウモロコシなどの主要穀物を除いて、最も多く食べられている農作物はバナナです。中央アメリカ、中国南部、東南アジア、インド、アフリカ、太平洋の島々など、高温多湿の国々で生産され、何千キロも輸送しているにもかかわらず値段が安く、皮をむくだけで簡単に食べられて腹持ちがよいため、高い消費量を誇っているのでしょう。通常は緑のままで収穫し、冷凍室で熟成を遅らせて輸送し、消費地近郊の倉庫に着くや、今度はエチレンガスを吸わせて急速に成熟させています。その後、常温で一週間くらいの間が食べ頃で、茶色の斑点が目立つようになれば腐っていきます。巨大バナナ企業が、生産・収穫・梱包・輸送・保管の全過程の技術開発を行い、徹底的に合理化して効率を上げた結果として、驚くほど安い値段で手に入るようになったというわけです。

むろん、その背後には、生産から搬出までの全過程において、バナナ農園で働く人々が低賃金で酷使され、疫病の防止やバナナの樹木の消毒など多種類の農薬使用による健康被害を被り、抵抗しようものならバナナ企業と結託した権力者によって弾圧され追放される、という問題があります。労働者を徹底して搾取することで値段を下げているのです。かつて、鶴見良行さんがフィリピンのバナナ農園の調査結果を『バナナと日本人』（岩波新書、一九八二年）で報告し、「人を喰うバナナ」と形容してバナナ農園労働者の人権侵害と健康破壊を告発したのですが、その実態は今も変わっていないのです。そのことを知りつつも、私たちはバナナを手放せそうにありません。

考古学的証拠によれば、バナナの原産地である東南アジアで栽培が始まったのは今から五千年も前だそうです。それがインドに伝わり、アレキサンダー大王の東方遠征によってヨーロッパに伝わりました。旧約聖書の「創世記」では、アダムとイブがエデンの園にある禁断の木の実であるリンゴを食べたために、楽園から追放されたことになっています。実は、リンゴではなくバナナだったと主張する聖書学者もいます。楽園物語をそのまま踏襲しているイスラム教のクルアーン（コーラン）にはバナナと書かれているためだそうです。

バナナには種がありません。そのためバナナは挿し木（あるいは株分け）で増やしており、すべて同じ遺伝子を持つクローンなのです。クローンの弱点は、ひとたび伝染病が流行すると一蓮托生ですべてがやられてしまうことです。実際、かつて世界中を制覇したグロスミッチェル種のバナナが一九五〇年にパナマ病で全滅してしまいました。その後を継いだのが、現在世界のバナナ生産量の半分を占めて主流になっているのがキャベンディッシュ種なのですが、一九六三年にフィジーのシガトカ谷で確認されたブラックシガトカ病という深刻な病気が海を越えて広がり始めました。この病気にかかると、バナナの木の葉が黒くなってボロボロになり、やがて木が枯れてしまうのです。そして、この菌は木を伝って地面を汚染し、一度汚染された土地には二十～三十年の間バナナは育たなくなります。その予防・殺菌のために何回も農薬を撒かねばならず、さらに菌に耐性ができているため、より濃度の高い薬を撒かねばならないことが労働者をいっそう痛めつける原因となっています。

いつでも、どこでも安く手に入るバナナですが、多くの歴史と苦悩を背負っていることを忘れないでおきたいものです。

（二〇二二年二月十五日425号）

44

古くから珍重されたユズ

わが家の狭い庭にユズ（柚あるいは柚子と書きます）の木が一本植わっており、冬の季節になると黄色い実をたくさん付けるので、寒さも吹っ飛ぶ気分になります。「桃栗三年柿八年、ユズの大馬鹿十八年」とからかわれているように、ユズは生長が遅く、種子から育てると実がなるまで長い年月が必要とされています。わが家では高さが3ｍくらいの成木を移植したので、すぐに初夏には可憐な五弁の白い花が咲き、冬になると直径5㎝くらいの球形の黄色い実をたくさんつけました。楕円形でがすらっとしていて気取ったように見えるレモンとは違い、表面がでこぼこしていて愛嬌があり、なんだか近しい感じです。

ユズの原産地は中国の長江の上流とされ、千三百年前の飛鳥・奈良時代には日本で栽培していたという記録があり、古くから珍重されていたことが伺えます。種名「.junos」は植物学者の牧野富太郎が名付けたのですが、出身地の四国で「ゆのす」と呼ばれたことに由来するそうです。耐寒性があるため東北地方以西の本州と九州・四国で栽培されており、生産量・消費量ともに日本が最多となっています。私たちにとって馴染み深い果物と言えるでしょう。他の柑橘類が罹《かか》りやすい病気に耐性があるため消毒の必要がなく、無農薬で栽培できるという良さがあります。ちなみに、ユズの花言葉は「健康美」です。

ユズは山椒と並んで日本料理における二大香料とまで言われました。ユズの香気と清涼な風味が高く評価されたのです。実際、柚味噌《ゆみそ》、柚醤《ゆびしお》、柚香和え《ゆこうあ》、松葉柚、柚釜《ゆがま》、柚餅子《ゆべし》など、調味料や香料に多く使われました。花が咲いた後の緑色の小さな「実柚子《みゆず》」、秋になって大きくなった「青柚《あおゆ》」、晩秋になると黄ばんできて「黄柚子《きゆず》」と、季節ごとに呼び名が変るのも何やら床しい気がします。

もうすぐ（十二月二十二日）に冬至を迎えますが、江戸の町で銭湯にユズを輪切りにして入れる「冬至の柚子湯」の習慣がありました。京阪神にはこの風習がなかったそうですが、そのうちに広がり、京都のわが家でも庭の木にできた柚子を五個くらい採ってきて、そのままお湯に浮かべて一緒に入っています。わざわざ冬至の日ということで、風邪をひかないおまじないのように思われていますが、実際にユズには風邪を防ぐ効果があるのです（むろん、効くのは冬至の日に限りません）。

ユズを2～3個、果汁をしぼった果皮をガーゼの袋などに入れて湯船に浮かべ、軽くもんで皮の油胞を潰します。すると油膜が風呂の水面に広がりますが、それが油胞から出た精油成分で、その六割以上をリモネンが占めています。リモネンは皮膚に浸透しやすく、毛細血管に働いて血行をよくするため、体温を高く保って湯冷めを防ぐ効果があり、風邪をひきにくくさせるというわけです。

ユズの皮にはビタミンCが多く含まれるのも風邪に対して効果的です。風邪をひきはじめのとき、寝る前に柚子一個分の果汁を搾り、蜂蜜を加えて熱湯を注いでぐいっと一飲みし、そのままぐっすり寝ると咳が止まって風邪を退治することができます。疲労回復には、まだ青い柚子の実を切って焼酎に漬けた柚子酒を寝る前に飲むと、翌日は気分がすっきりします。

手術前の入院患者を対象にした調査では、ユズやラベンダーなどの精油の香りを嗅いだ人の方が嗅いでいない人より、眠りやすい、目覚めの気分がよい、と答えたそうです。香りに鎮静効果があるのですね。調べてみると、ユズにはごく微量ですがボルネオールやオクタノールなどの香り成分が含まれており、心豊かにさせてくれるのです。一個100グラムのユズに百万分の一グラムしか含まれていない化合物の「ユズノン」は、ユズ特有の香気成分として重要であることがわかってきました。ユズの香油がさまざまな香水に使われていることは言うまでもありません。

ユズはさまざまな食材のアクセントとして重宝して使われていることは、インターネットで調べればたくさん出てきます。冬料理の楽しみにしましょう。

(二〇二三年十二月十五日469号)

45

薬になる身近な雑草

私たちは、種も蒔《ま》かないのに勝手に生えてくる草を「雑草」とよんで邪魔物扱いをしています。雑草は本来育てるべき穀物や野菜の栄養を奪うため、私たちには厄介な草ですが、それらは生き残るためにさまざまな化学物質を作り出し、ウイルスや細菌に負けないように工夫しています。人間はそれに目をつけて、雑草が持つ化学物質の殺菌能力や鎮痛作用を利用して薬として使ってきたのですが、その由来は中国にあります。

人は常に健康でいたいと願っていますから、体の調子が悪い、何らかの病気になったらしいと思うと、古来、早く治したいと念じて薬を求めてきました。中国の伝説によると、そのような病人の要望に応えるため、神農《しんのう》大帝が薬となる植物を人々に教えたとされています。彼は薬草と毒草を見分けるために赤い鞭（赭鞭《しゃべん》）で多くの草を叩き、それを嘗《な》めて薬効や毒性の有無を確かめたという言い伝えがあります。このとき多くの植物を試食したので、一日に七十回も中毒したそうです。

後漢の時代に『神農本草経』という本が書かれ、食用となる植物の採集・栽培・利用法が書かれており、健康に生きるための基礎知識が記されています。さらに植物だけでなく、動物や鉱物も加え薬用物質として利用する道を拓きました。これが学問としての「本草学」の始まりとなったのです。因みに、江戸時代に本草学に夢中になった江戸在住の大名や旗本たちが、神農の事績（事業や功績）に由来する「赭鞭会」という本草に関する情報交換会を開いたり、尾張藩の藩士・医者・町人が（神農が百の草を嘗めて見分けたとの故事に由来する）「嘗百社《しょうひゃくしゃ》」と呼ばれる本草同好会を起ち上げたそうです。一種の博物学研究の会と言えるでしょう。

例えば、ドクダミという薬草があります。その名の由来が「毒痛み」で、強い異臭があって毒のような感じがするのですが、葉や地下茎には利尿や便通、化膿や腫れ物、蓄膿《ちくのう》症や高血圧などに効くことが知られています。実際、青い葉っぱのまま湯に入れたドクダミ風呂は血圧を整え、お茶にしたドクダミ茶は利尿によく、葉をホワイトリカーに浸けたドクダミ化粧水はシミやソバカスを取ってくれるなど、実に多くの効用が知られています。何しろ「十薬」という別名があるくらいですから。

他にも、ハコベは胃痛や胃腸虚弱に効き、歯槽膿漏の予防や口臭を消し、心臓病にも効能があるとされていますし、カラスウリは利尿・催尿・解熱作用があります。イヌタデは虫下し・下痢・皮膚病に効果があり、ヘクソカズラはかつて、あかぎれやしもやけの薬として使われていました。このように、さまざまな薬理作用が知られていた雑草が多くあります。

雑草は、葉をかじる虫を寄せつけないようにしたり、細菌にやられないようにするため、葉や茎や根に毒（化学物質）を蓄積しているのです。薬と毒は紙一重の違いと言われるように、それをうまく使えば薬となることを人間が発見したわけです。まさに神農以来、言い伝えられてきた有用な草が数多くあり、人々はその理由はわからないものの、経験的に薬として使えることを学んできました。いわば先祖伝来の知恵であったのです。

それに目を付けたのが製薬会社で、薬理作用があるとされる雑草を集めて、どのような化学物質が含まれ、どのように効能を発揮するかを調べるようになりました。それがわかれば、その化学物質を人工的に合成すればいいわけです。そこで行き過ぎも起こりました。インドの例ですが、昔から薬として有効だという木があると聞きつけた製薬会社がその木の成分を分析し、新しい薬を開発して特許を取ったのです。その結果、現地の人々はその木を利用することができなくなってしまいました。幸い、国際司法裁判所の判決で現地の人々には使用権があることが認められましたが、何だか変な気がしますね。先祖から言い伝えられてきた「魔法の」草や木は誰でもが使えるようにすべきと思うからです。

（二〇二二年十月十五日４４１号）

46

花咲か爺さんの灰の謎

「いじわる爺さんに臼を焼かれてしまった正直爺さんは、泣く泣く残された灰を持ち帰って枯れ木にまいたところ、なんと枯れ木に花が一斉に咲いたので、通りがかったお殿さまからご褒美をもらいました。めでたし、めでたし」が、おとぎ話「花咲か爺さん」の最後の場面です。でも、花を咲かせる灰は本当にあり得るのでしょうか。それとも、子どもに夢を持たせるための架空の作り話に過ぎないのでしょうか。

この疑問に答えるためには、まずどんな枯れ木であったのかを言っておかねばなりません。本当に枯れてしまって単に木の棒が突っ立っているだけの枯れ木では、さすがの花咲か爺さんの灰も効き目はないと思います。そうではなく、冬のサクラの立ち木のように、まだ木の葉をつけていないので枯れ木のようだけれど、実は花芽を既に作っていて、春が来るのを待っている木があります。花咲か爺さんが撒いた灰が本領を発揮したのはそのような木で、その灰には花芽に開花を促す何らかの物質が含まれていると考えてはどうでしょうか。

おとぎ話の絵本ではサクラが多く描かれていますが、それは絵本作家がめでたさを称えるために勝手に選んだに過ぎません。ですから、花咲か爺さんがどんな木に灰を撒いたかは謎なのですが、植物に花を咲かせるよう刺激する物質が必ずあるはず、と長い間考えられてきました。その灰の候補になるかもしれない花芽の形成を促すホルモンが、日本の研究者によって見つけられました。最初シロイヌナズナで発見され、イネやキクなどでも作られており、ジャガイモやタマネギなどを生育させるのにも寄与していることがわかってきたのです。

植物が季節を知って花を咲かせるのは、日長時間（太陽が照っている時間、あるいは逆の太陽が沈んでいる夜の時間）を生物時計で測っているためであるとわかったのは一九二〇年代で、それを測定している場所が葉であることが実験で示されたのは三〇年代でした。

たとえば、短日植物（一日ごとに日照時間が短くなると花が咲く植物）であるアサガオは、葉を全部切り取ってしまうと日が短くなっても花芽をつけません。ところが、切手くらいのわずか一平方センチの葉を残しておくだけで花芽がつくのです。そして葉の面積を大きくすればするほど花芽がつきやすくなります。花芽は茎のてっぺんの茎頂で形成されますから、葉で日長の情報を感知してホルモンのような物質を出し、それが茎頂まで輸送され、何らかの物質に作用することで花芽の形成が開始されているのではないか、と考えたくなりますね。

その仮想的なホルモンは一九三七年に「フロリゲン」と名付けられました。以来ずっと探し求められてきたのですが、一向に見つかりません。そのため、研究者の多くがフロリゲンは存在しないのではないかと諦めかけていたのですが、日本の研究者が分子化学的な手法を駆使してフロリゲンを発見しました。フロリゲン仮説が提案されてから七十年も後のことでした。イネの葉に日光が当たる時間を調節するとＦＴ／

Ｈｄ３と呼ばれるたんぱく質複合体が作られ、葉から茎の根っこを通って茎の先端部へ運ばれる様子がまず観察され、それを受け取って花芽の形成を開始する受容体が明らかにされたのです。ＦＴ／Ｈｄ３がフロリゲンの正体であったわけです。

植物が日照時間を測って、さまざまな生理反応をしていることは良く知られています。ジャガイモの茎が大きくなるのは短日条件を満たすようになってからで、その情報はやはり葉から茎へ伝えられているはずで、まさにそこにもフロリゲンであるＦＴ／Ｈｄ３が輸送されていることが示されました。フロリゲンは単に花を咲かせるだけでなく、茎塊の栄養成長を促す働きもあるのです。

では、このフロリゲンたんぱく質複合体を抽出して粉状にすると、花咲か爺さんの灰のように花を咲かせられるのでしょうか。実は、この複合体は細胞膜を通過することができないので外部から細胞内部に入れず、撒けば花が咲くということにはなりません。それはそれでいいのかもしれませんね。年がら年中サクラが咲いているのは想像したくありませんから。

（二〇二〇年十月十五日３９３号）

47

素敵な花時計

小学校の校庭や公園・遊園地に、季節ごとに華やかな花が植えられ、その上を時針（長針）と分針（短針）と秒針が回っている花時計が作られていて、私たちの目を楽しませてくれます。通常は、文字盤が見やすいよう十五度程度の傾斜がつけられ、文字盤の中に季節ごとのさまざまな花を植える方式となっています。

現存する最古の花時計は、一九〇三年に設置されたイギリスのエジンバラにあるプリンセス・ストリート公園内のものだそうです。日本の最初の花時計は、一九五七年に神戸市の市役所前に造成されたもので、現在では全国で八十以上が設置されています。花を植え替える費用がかかり、花壇の下にある時計を動かす機械室を防水にするなど管理の手間がかかるので維持するのは大変でしょうが、花時計は町のシンボルとして大事にしたいものです。

十八世紀の著名な植物学者で、動植物について綱・目・属・種という分類階級を提案したカール・リンネは、真の意味での花時計を提案しました。長針も短針もなく、異なった種類の花を時刻に沿って十二種類並べただけのものです。でも、なぜこれが花時計になるのでしょうか。

アサガオは朝五時頃には咲き始め、トケイソウはお昼前になると花を咲かせ、ツキミソウは夕方になってからゆっくり開花します。花の種類によって咲き始める時刻がそれぞれ異なっています。そこで、花が咲き始める時刻の順に植物を植えておくと、今どの花が咲き始めているかを見れば時刻がわかることになります。リンネは二百種類ほどの花の名を挙げ、午前六時から正午までに開花する花と正午から午後六時までに閉じる花について、一時間単位で異なった花名を列挙しました。条件さえよければ、今咲いている花を見れば三十分の精度で時刻がわかるのです。なんと素敵な花時計ではありませんか。しかし、天気や気温の具合いや緯度によって日照時間の違いがあり、開花時間が場所によって変わるため時刻が正確ではなく、また季節ごとに十二種類の花を揃えるのが大変なので、この花時計はまだ実現していないようです。

特定の花は決まった時刻に咲き、その花の花粉を媒介する昆虫はそれに合わせて活動する時刻を決めています。花には時刻を測る仕組みがあり、これを「体内時計」と呼んでいます（ほぼ一日で変化するので「概日《がいじつ》リズム」とも言います）。その仕組みが遺伝することで開花時刻の情報が代々受け継がれているのです。ＤＮＡ上には時間遺伝子があって、その指令によって「時間物質」と呼ばれる、ある種のタンパク質が作られては壊されています。その量が二十四時間の周期で増減していて、時間物質がある一定以上になると花が咲くという仕組みです。花の種類によって時間物質やそれがピークになる時刻も異なっているため、開花時刻もさまざまというわけです。

植物だけでなくバクテリアや動物など、すべての生物が体内時計を持っていることが証明されています。私たち人間も、人によって差はありますが、平均二十四時間十分程度で一回りする体内時計を備えていることがわかっています。その周期で、体温や血圧やホルモンバランスが変化しているのです。そのため、たとえ夜更かししても朝になると目が覚めるし、飛行機で遠い外国に行くと時差ボケになります。生活のペースや環境が変化しても、体内時計は元のままのペースで時を刻んでいるためです。

体内時計の速さを変える一番の方法は、光に当たることです。朝起きて日光を浴びると、体内時計が早回りして時間が進むので、寝覚めが良くなります。夜更かししなければならないときは、夕方に光をたっぷり浴びることです。体はまだ宵《よい》の口だと誤認して体内時計の歩みが遅くなり、夜中でも起きていられるのです。長時間の飛行機旅行の時差ボケ解消法も同じで、朝なら日光をたっぷり浴びて時計の歩みを早くし、夕方なら人工の光を多く浴びて時計の歩みを遅くすることです。時差ボケの際にお試しされてはいかがですか。

（二〇二二年八月十五日４３７号）

48

町の雑草と田舎の雑草

「町のネズミと田舎のネズミ」という童話をご存知だと思います。町のネズミが田舎のネズミに招かれて田舎にやって来て、静かな環境で麦やダイコンを生のまま齧《かじ》ってお腹を満たしていました。しかし、「退屈だし、こんなにまずい食べ物によく耐えられるね」と言って帰ることにし、逆に田舎のネズミをおいしいチーズやパンや肉のご馳走のある町に招待しました。町に来た田舎のネズミがご馳走にありつこうとしたとたん、人間が入って来るので大慌てで小さな穴に逃げ込み、人間が居なくなったと思って出て来たら、今度は大きな猫がらんらんとした目で睨んでいるので、またもや逃げねばなりません。おいしいご馳走があっても落ち着いて食べられないので

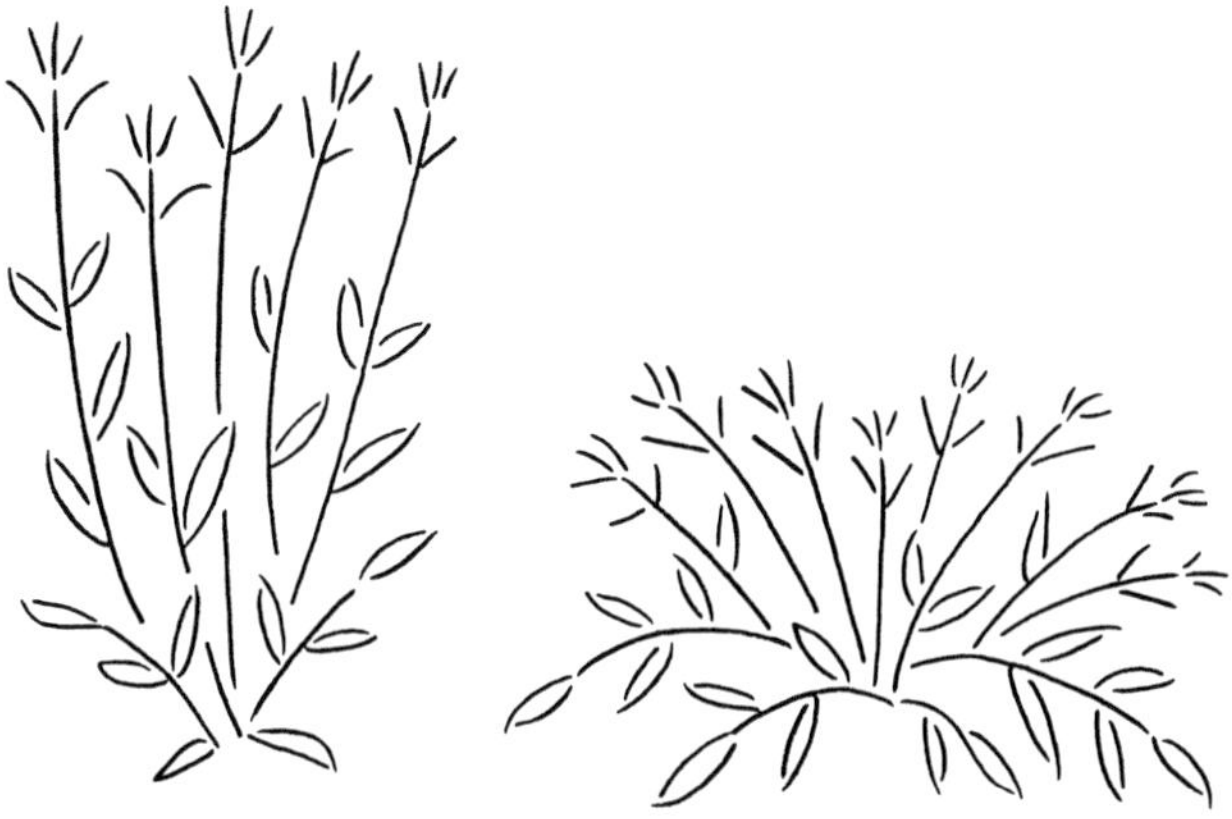

農村型　　　都会型

雑草の二つのタイプ：直立するように縦に伸びて草丈が高い農村型雑草と、
地を這ったように横に広がって草丈の低い都会型雑草

す。田舎のネズミは、こんな落ち着かない生活は厭だ、静かに暮らしたいと言って田舎に戻ったという話でした。町では豊かな食事にありつけるけれど危険がいっぱい、田舎は貧しい食事だけれど安全な生活、さて皆さんはいずれを選びますか？　と問いかける物語でした。私たちに人生をどう生きるかを考えさせる話ですね。

では、町（都会）の雑草と田舎（農村）の雑草にこのような物語があるのでしょうか。雑草つまり植物は自ら移動することができず、偶然に種が落ちた場所が町か田舎かの差だけで、同じように育つと思われるでしょう。実は、そうではありません。町と田舎の間の生育環境が異なっているため植物の形質が変化し、しかもそれが次世代に遺伝しているという研究結果があるので紹介しましょう[＊1]。

植物のメヒシバと呼ばれる雑草は、都会のコンクリートの隙間やブロック塀沿いに育つと草幅が広くて草丈が低く、地を這《は》ったように横に広がって生育する割合が多いことが観察されています。それに対し、農村の田んぼの畔《あぜ》や休耕田で育つメヒシバは草幅が狭くて草丈が高く、直立するように生長するのが多いそうです。前者を都会型、後者を農村型と呼びましょう。生育環境の差異によって、雑草に都会型と農村型という二つの異なった形質が生じるようなのです。

なぜ都会型のメヒシバは這うように横に広がり、農村型は直立型が多いのでしょうか。考えられるのは「日光をめぐる生存競争」です。都会型は一般に乾燥しがちで栄養分が少なく、生息条件の悪い土壌で生きねばなりませんから、傍に競争相手がほとんどいないのが普通です。従って、ゆったり大きく草を横に広げて日光を多く受けようとするため這ったような形となっていると推測できます。他方、農村型は栄養分や水分が豊富な土壌という良い環境ですから、すぐ傍には多くの競争相手がいて横に広がりにくくなります。そこで草丈を大きくして日光を効率よく受け止めようとしているると考えられます。

つまり、環境条件の差によって都会型は横に広がり、農村型は縦に伸びていると言えるでしょう。町の雑草と田舎の雑草にも生き方の差が生じるのです。

次に、このメヒシバの種子を数百粒採集して実験室の温室で育て、その形質を詳しく調べてみると意外なことがわかりました。都市型の種子から育ったメヒシバは、実験室でも草幅が広く草丈が低くて地を這うような形が多く、農村型の種子からのメヒシバは、草幅が狭く草丈が高い直立型が多い、つまり親の形質がそのまま現れる傾向が見られたのです。これらの種子はすべて同じ環境条件で育てられていますから、二つの差異は遺伝的な違いによって生じていると考えざるをえません。進化的な変化がたった一代で生じているのです。

この推測を確かめるために、都市型と農村型の両方の種子を、温度や水分のような他の条件は同じにして、あまり競争がない都会的環境と競争が厳しい農地的環境で育ててみました。そうすると、予想通り都会的環境では都市型の種子の方がよく育ち、農地的環境では農村型の種子の方がよく育つことがわかりました。都会と農村の土壌という生育環境が進化を促す原動力になっているのです。

町の雑草と田舎の雑草という童話が書けそうですね。

（二〇二三年五月十五日455号）

＊1 「科学」（岩波書店）2023年4月号p354に所載の深野祐也氏の論文を参考にしました。

49

花粉と種子を散布する植物の作戦

自ら動けない植物は、花粉や種子を遠くの土地に振り蒔くために、さまざまな作戦を立ててきました。すぐ傍に花粉や種子を蒔くと自家受粉となって開花しないことが多く、自分の健康な子孫を増やすためにはなるべく遠くへ散布する方がよいのです。

地上に最初に現れた植物は、マツやスギやイチョウなどの「裸子植物」でした。胚珠がむき出しになっていて、風に飛ばされた花粉が雌蕊《めしべ》の柱頭にくっつくと受粉します。「風媒花」と呼ばれる植物です。この場合、風任せで確実に受粉するとは限らないので非常に多くの花粉を空中に散布します。それが現在の花粉症の原因となっているわけです。恐竜が栄えていた頃はシダやソテツなどの裸子植物が全盛で、恐竜はもっぱら裸子植物を食べていました。

やがて、胚珠が子房に包まれている種子植物が現れますが、ブナやヤナギなどは風で花粉を飛ばしています。そのうち、きれいな花を咲かせ、もっぱら花蜜で昆虫を惹きつけて受粉に利用する「虫媒花」が登場するようになりました。花の底に蜜を用意しておき、蜜を吸いに入ってきた昆虫に花粉がくっつくようにし、昆虫が次々と花を巡っているうちに自然に受粉するようにしたのです。身の回りに見かけるきれいな花を咲かせる植物は、昆虫が花粉を媒介しています。あるいは、ツバキやウメやモモなどのように、多量の蜜で鳥を誘って受粉する「鳥媒花」もあります。虫や鳥を使った被子植物の方が受粉に成功しやすく、徐々に裸子植物のテリトリーを奪っていきました。恐竜の食生活は裸子植物に特化していたため被子植物を食べることができず、食料不足になって滅んだという「花が恐竜を殺した」、との奇抜な説が唱えられたことを覚えています。

さらに植物は種子を遠くまで運ぶ工夫もしました。タンポポは、「舌状花」と呼ばれる小さな花びらが円盤状に並び、その下端部に子房があります。その上部に白い冠毛が生えていて、やがて綿毛となって風に乗って遠くまで飛んでいきます。これも風媒花ですね。わが家の玄関のコンクリートのごく小さな隙間からタンポポがいくつも生えているのですが、種子が飛ばされてきたのでしょう。生命力の強さに驚くばかりです。

「ひっつき虫」は、動物（哺乳類の毛、鳥類の羽、人間の衣類）などにくっついて分布域を広める草の種子で、表面にとげのある突起が突き出ていたり、小さな鉤《かぎ》がファスナーのように並んでいるというように、動物にくっつくためのさまざまな工夫をしています。服や犬の毛にくっついた野生のゴボウの実から着想を得て、面ファスナーが発明されたそうです。

被子植物の心皮が成熟すると硬い種子を含んだ甘い果実となって鳥が啄《ついば》むようにし、遠くに飛んでいってから糞とともに種子が排泄されるという作戦をとる植物も現れました。鳥に種子を運ばせるのです。

私が感心したのは、アリの好物を利用する方法です。カタクリの花は咲いてから二ヵ月くらいすると種子がはじけて地面に落ちます。すると、ただちにアリがやってきて遠くにある巣に運び込むのです。ところがまもなく、せっかく運び込んだ種子を運び出し、巣の外に捨ててしまうのです。こうして、カタクリは遠く離れた場所に種子を蒔くことに成功するというわけです。

カタクリがとっている作戦は、カタクリの種子の先に「エライオソーム（種枕《しゅちん》）」と呼ばれる、脂肪酸・アミノ酸・糖分が含まれている柔らかいゼリー状の付着物をくっつけていることです。アリはエライオソームが大好物で、これに誘引されてせっせと巣に運び込み、食べ終わると残った種子を巣の外に捨てているのです。他にもスミレやフクジュソウなども同じ巧妙な方法でアリに種蒔きをやらせています。このような「アリ散布植物」は二百種もあるそうです。なぜこれらの草花がアリの好物を知って用意しているのでしょうか。自然は奥が深いですね。

（二〇二一年五月十五日４０７号）

50

ゴマの力

江戸時代後期の文化・文政（一八〇四～一八二八年）の頃、小麦粉にゴマ（胡麻）を混ぜて焼き膨らませた、見かけは豪華なのですが中は空洞のお菓子が売り出されました。「胡麻胴乱《ごまどうらん》」と呼ばれたそうです。胴乱は植物採集用に持ち歩く円筒形（または長方形）の、中ががらんどうの入れ物のことです。その形どおり外見はよいが中身が伴わないので「胡麻菓子」と揶揄され、それが「ごまかす」の語源となりました。現在常用している「誤魔化す」は当て字です。

念のために言っておくと、旅人を脅したり、騙したりして金品をまき上げる悪党を「護摩《ごま》の灰」と言いますが、この「ごま」は意味が違います。こちらは旅の僧のような出で立ちで、弘法大師のありがたい護摩の灰だと称して押し売りをした賊のことです。これを「胡麻の蝿《はえ》」と書くようになったのは、黒い粒のゴマにたかった蝿のように、旅僧の良し悪しが見分けにくいことを意味したためです。また「胡麻擂《す》り」は、煎ったゴマを擂り鉢で擂り潰すと、出てきたゴマの油で鉢のあちこちにくっつくことから、人にへつらうという意味で使われるようになりました。言葉にもいろんな歴史があって、その語源をたどるのも楽しいものですね。

私たちが食べているゴマは植物の種子で、硬い殻に覆われている木の実として、ナッツの仲間に分類されています。大昔から、ゴマは栄養価が高く体によい食品として、また生薬として重宝されました。実際、アフリカでは五千年以上前からゴマが栽培されていた証拠があります。

紀元前一世紀頃の中国で、西域の異民族である「胡」から渡来した「麻」（脂分を含んだ種子という意味）、つまり「胡麻」という名がついたとされています。日本ではこれを音読みして「ゴマ」となったわけです。

奈良時代には畑で栽培し、種子油を抽出して調理に使い、燈油として灯火に使用していました。平安時代にはお菓子や薬の原料としてゴマの用途が広がっています。江戸時代になると日本料理の薬味として、洗って乾燥させただけの「洗いごま」、鍋で炒った「炒りごま」、擂り鉢で擂りつぶした「擂りごま」、粉砕して油分を含んだままペースト状にした「練りごま」など、ゴマのさまざまな魅力が引きだされるようになりました。

なぜゴマはそんなに有用なのか、詳しく研究されるようになったのは、実はこの四十年ばかりのことなのです。ゴマに含まれている成分の半分は脂質で、ゴマ油として天ぷらや炒め物に使われていてお馴染みですね。全国の天ぷら専門店のアンケートでは、約半分の店が「香りがよく、揚がりがカラッとする」ことから、ゴマ油を使っていると回答しています。ゴマ油は酸化されにくいため、揚げた食品が劣化しにくいという長所があるからでしょう。さらに、ゴマの脂質の八割が「不飽和脂肪酸」と呼ばれるリノール酸とオイレン酸で、体に必要な生理活性物質の原料であることから、健康に良いことがよく知られています。もっとも脂質ですから、摂り過ぎると肥満の原因になるので要注意です。

注目すべきなのは、ゴマリグナンという成分で、脂質に1%足らずしか含まれていないのですが、体に非常によい作用があることが明らかにされました。ゴマリグナンは十種類知られており、そのうちセサミン、セサモリン、セサミノールの三つが代表的で、体を傷めつける活性酸素を抑える抗酸化作用があるのです。その働きで、老化を防ぎ、肝機能が高まり、血中コレステロールの値を下げ、アルコールの分解を早めることが報告されています。残りの成分には、カルシウム・鉄・セレンなどのミネラル成分が多く含まれていますから、骨粗しょう症予防や貧血の改善に効果がありま す。

そんな薬効より、ほんの少しで料理を引き立たせてくれることにゴマの真骨頂があると言えるかもしれません。ゴマを擂って冷奴やおひたしにふりかけ、食卓にゴマ油を常備してみそ汁やサラダに一滴垂らす、それだけで食事が豊かになること請け合いですから。

（二〇二四年三月十五日475号）

51

ダイコンの上手な食べ方

京都では、春先になるとダイコン（大根）が大量に出荷されます。真っ白ですらりと伸びていて、盛りのときは緑の葉っぱ付きの太い大根が一本百円で売られていました。そのままサラダにしてもいいし、あっさりしたみそ汁の具としても、またたっぷり煮込んだおでんにしてもおいしく食べられます。サンマには大根おろしが不可欠だし、沢庵漬けや切り干し大根にすればまた変わった味を楽しめます。江戸時代には、冷夏や暴風雨による不作で飢饉となったときでも育つ救荒《きゅうこう》作物として重要でした。テレビドラマの「おしん」には「カテ飯」と呼ぶ、ほとんど米が入っておらず、大根とその葉っぱを混ぜただけの雑炊が登場しました。貧しい小作の者にはダイ

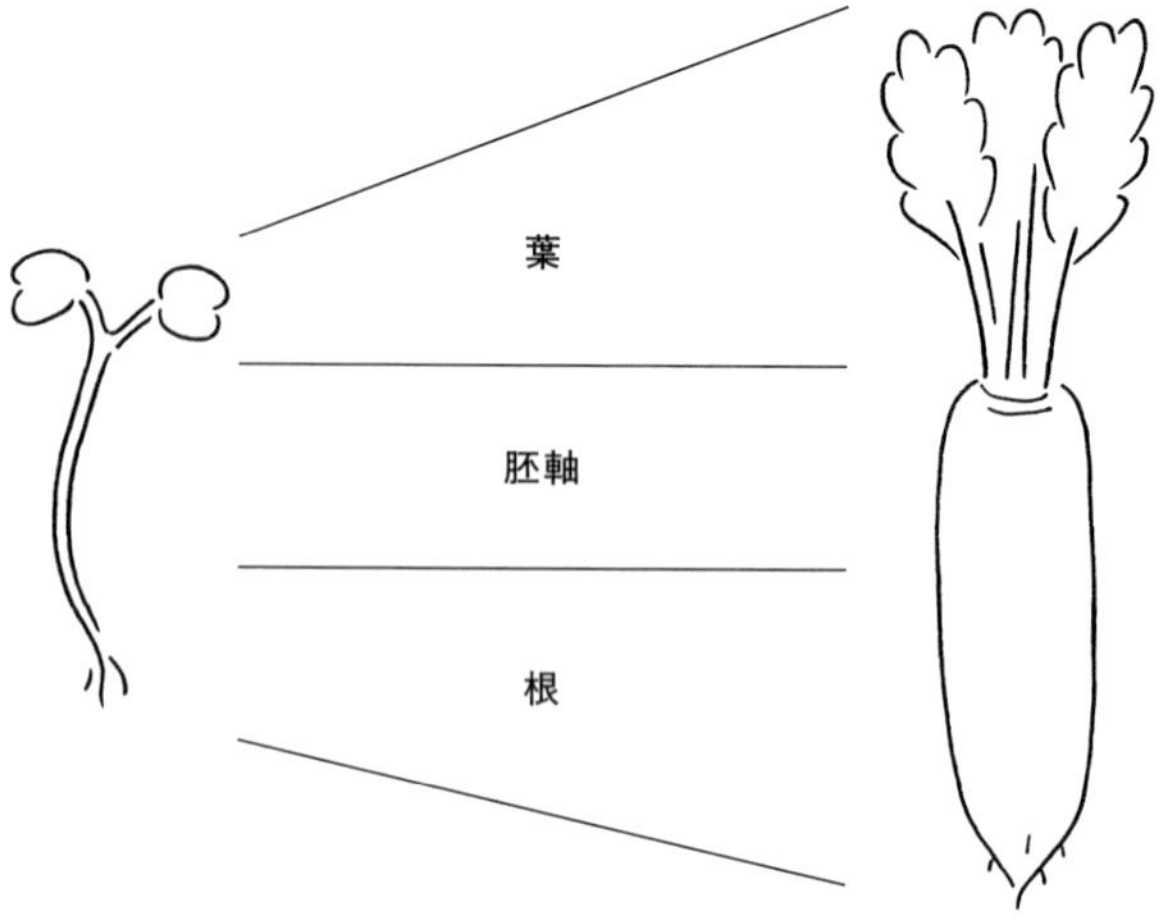

大根の主な三つの部分：ビタミンが豊富な緑の葉、
水分が多く甘みがある胚軸、辛み成分の多い根っこ

コンは米に代わる代用の「糧《かて》」であったわけです。

ダイコンは世界各地に野生のものがあるため、その原産地は諸説あってはっきりしていません。エジプトのピラミッド建設の労働者にタマネギやニンニクと一緒にダイコンが給与されていたことが碑文に書かれており、紀元前二〇〇〇年頃にはすでに栽培が始まっていたことがわかります。その後、地中海沿岸からはるばるシルクロードを種のかたちで運ばれて日本にやってきたようで、『古事記』の仁徳天皇の段に「木鍬《こくわ》もち　打ちし大根《おほね》　根白の白腕《しろただむき》」という歌があります。大根《おほね》（ダイコンのこと）

を木の鍬を使って栽培し、人の腕を連想させるような白い根が育ったと書かれています。これにより、奈良時代の初めにはダイコンは日本に伝わっており、人々が親しんでいた野菜であることがわかりますね。

ダイコンは、ハクサイやキャベツと同じアブラナ科に属する野菜です。これらは全く違った種類のように見えますが、ご先祖をたどれば同じなのです。その証拠に、どれも菜の花のような形の白や黄色の花を咲かせ、花びらが四枚であることが共通しています。

ダイコンは大根と書くので、その名の通り大きな根っ子と思われるかもしれませんが、よく見ると下の方には細いひげ根がついていて、小さな凸凹があります。太った部分は胚軸と呼ばれる茎にあたる部分で、根ではないのです。貝割れ大根はダイコンの芽ですが、双葉の下にはすらっと長く伸びた茎があります。それが胚軸で、ダイコンは根とともに胚軸も太るので、大きな根っ子のように見えるのです。青首ダイコンは、もともと胚軸の部分が緑色をしているもので、未成熟というわけではありません。

そこでダイコンの上手な食べ方をお教えしましょう。

葉と根の間にある胚軸は、根で吸収した水分を葉に送り、葉でできた糖分などの栄養分を根っ子に送る役割をしています。水や糖分の通路ですから、水分が多く甘みがあります。だから、ダイコンのみずみずしさを活かすなら、胚軸の部分を短冊形に切ってサラダにし、甘くて柔らかい特徴を活かすなら、ふろふき大根などのあっさりした煮物に適しています。

一方、ダイコンの根っ子に近い部分にはグルコシノレートと呼ばれる辛味《からみ》成分が多くあります。せっかく蓄えた栄養分を虫などに齧《かじ》られないための工夫なのです。だから、味噌おでんやブリ大根のような濃い味付け料理に使うのに適しています。従って、おろし大根で辛味が苦手な人は上の方の胚軸部分を、辛いのが好きな人は下の方の根っ子に近い部分を使えばいいということになります。その特徴を知っていれば、カットしたダイコンを買うときでも、その日の食事メニューに合わせて適材適所に選べるというわけです。

ダイコンの緑の葉に含まれるビタミンCはイチゴより多く、糠味噌漬けにしても温州ミカン並みだし、抗酸化能による生体調節機能があるビタミンＥは野菜の中ではかなり上位に入るそうです。ダイコンの葉を細切りにして油で炒め、ジャコやゴマをたっぷり入れて醤油で整えると栄養バランスのよいふりかけとなります。栄養豊富なダイコンの葉を利用しない手はありません。

ダイコンについてのたったこれだけの知識だけで、おいしく頂けるのではないでしょうか。

（二〇二二年七月十五日４３５号）

52

香りマツタケ、味シメジ

キノコのシーズンが近づきました。日本は昔からキノコを珍重してきた国で、縄文時代の遺跡にキノコをかたどった土製品が出土しているそうです。万葉集に『芳《か》を詠む』と題した歌があります。

高松の　この峰も狭《せ》に　笠立てて　満ち盛りたる　秋の香の良さ（巻十　二二三三）

高松のこの峰にも、所狭しとばかりに松茸が生え、満ち溢れている秋の香りの何という香ばしいことか、と松茸の芳香を称えている歌です。キノコを素材にする歌は珍しいのですが、万葉の時代には至る所に松茸が群生していたことがわかります。何ともうらやましい光景です。

キノコは植物ではなく菌類、つまりカビの仲間です。菌糸が増殖して子実体（菌類が胞子を形成するために作る構造のこと）となり、そこからつぼみが生まれて上に向かって成長し、柄が伸びて傘（笠）を作ると一人前のキノコになるわけです。キノコは全部で五千種類以上もあるのですが、食べられるものは非常に少なく百二十種くらいだそうです。鮮やかな色で誘いかけているかのように見えるのは毒キノコと思って差し支えありません。といっても、虫や動物がキノコを食べて中毒になったという昔話があまりありませんから、人間にとっては毒でも、虫や動物にとっては毒ではなく、むしろおいしい食べ物である可能性もあります。なぜ人間に対してキノコの多くが毒を持つようになったかはわかっていません。

キノコ狩りと言えば松茸のことを意味するように、やはり味と香りと形の三拍子そろった松茸が森の王様で、学名も「ＭＡＴＳＵＴＡＫＥ」となっています。主にアカマツの林の、比較的日当たりがよくて乾燥し、腐植質の少ない土壌を好むことが知られています。香りの成分はマツタケオールと呼ばれ傘から放出されているのですが、傘が開く頃には水分がなくなって繊維質しか残っていないので、傘が開く直前が香りと味の最高のときです。

松茸と言えば土瓶蒸しをすぐ思い浮かべますが、濡れた和紙に包んで火に当てて、熱いうちに塩か醤油かポン酢を軽く振った焼き松茸も実に香ばしくて美味しいものです。こんなことを書いているとつい生唾が出てきますが、今やずいぶん高価になっているため、そんな贅沢を楽しむことができなくなってしまいました。

松茸はまだ人工栽培することができないため、自然発生しているのを採取するしかありません。五十年以上も前のわが家ではアカマツが生えた里山に出かけて枯れた松葉を掻き集め、それを竈《かまど》や風呂焚きの種火に使ったものです。その作業が、松茸が生育する場所に落ち葉が溜まらないよう掃除することになっていて、当時はわが家でも松茸を採取できていたのです。ところが、石油や電気を使う燃料革命によって枯れた松葉の掃除をしなくなったため、落ち葉が溜まって堆積して腐植し、松茸が生育できなくなってしまいました。さらに地球の温暖化も松茸の生い立つのを阻害しているようです。今では、香りも味も二流の輸入物で我慢するしかありません。

一方、シメジには旨みの一つであるグアニル酸が豊富に含まれています。水を含ませると細胞が壊れて酵素の働きが活発になり、グアニル酸が増えるので味が引き立つのです。「香り（匂い）マツタケ、味シメジ」と言うように、噛みしめた味は松茸よりシメジの方が上かもしれません。現在、人工栽培で安く手に入るようになっているのはブナシメジで、和洋中料理のいずれにも使え、低カロリーなのにビタミンなどの栄養分は豊富であるという優れものです。また、便通をよくする食物繊維が多く、細胞壁に含まれているβ―グルカンには、免疫力を活性化する作用があると言われています。シメジの良さを見直したいものです。

さらにシメジだけでなく、エノキダケ、シイタケ、ナメコ、マイタケ、ヒラタケ、エリンギなど、たくさんのキノコがほぼ季節を問わずにスーパーに並んでいます。松茸には手は出なくても、それぞれのキノコの味を楽しむのが庶民の知恵と言えるでしょう。

（二〇二一年九月十五日４１５号）

53

第七の栄養素「フィトケミカル」

よく知られているように、私たちが生きていく上で必須の栄養素が三つあり、「三大栄養素」と呼ばれています。一つは、体を動かすときのエネルギー源や生物体の構成物質となる「炭水化物」で「糖類」とも呼ばれ、主に植物の光合成によって作られています。二つ目は、やはり体を動かすエネルギー源となるとともに、体温の調節や内臓の保護など生体機能と密接な関係がある「脂肪分」で「脂質」とも呼ばれる有機化合物です。三つ目は、生物体の組織を構成する主要な元素である窒素を含んだ「タンパク質」で、二十種類の基本アミノ酸が数十個以上結合した高分子化合物で無数にあります。

それらに加え、歯や骨など身体の硬い組織を構成する「ミネラル」と身体の機能を調整する役割がある「ビタミン」の二つの重要な栄養素を挙げねばなりません。ミネラルの代表がカルシウムと鉄で、ビタミンでは血液などの体液に溶け込んでいて代謝に関わっているビタミンＢやＣなどがあります。以上いずれも生命体の健康維持には不可欠なので、五大栄養素と呼ぶのが普通のようです。

栄養学の研究が進むにつれ、栄養素の範疇《はんちゅう》が広がってきました。これまではあまり役に立っていないと思われていたのが、エネルギー源として役立っているとか、必須ではないけれど体にとってよいという効能が発見された食品類です。第六の栄養素と呼ばれる「食物繊維」は、酵素によって消化できないので、そのまま体内を通過しているだけと思われていましたが、腸内細菌によって分解・吸収され、エネルギー源として貴重であることがわかってきました。植物の細胞壁を作っているセルロースが主なものですが、果物に含まれるペクチンやこんにゃくに含まれるグルコマンナンなど、数多くが知られるようになりました。便秘解消や肥満・糖尿病の予防、ビフィズス菌を活性化して腸内環境を整えるなど、その効用がよくコマーシャルで宣伝されていますね。

さらに現在では、「フィト（ファイト）ケミカル」（植物性化学物質）が第七の栄養素と呼ばれるようになっています。野菜や果物に含まれている色素や香り、苦みやアクなどに含まれている化学物質のことです。動くことができない植物が、太陽からの強い紫外線、水や空気や土に混じっている細菌、飛んできて蜜や実を横取りする昆虫や鳥など、自分たちにとって有害なものから身を守るために植物自身が作り出している物質です。

その働きの最たるものが活性酸素を退治する抗酸化作用です。ヒトは呼吸によって酸素を取り込みますが、その一部は活性酸素となって、タンパク質とくっついてその機能を損なったり、遺伝子を損傷させたり、脂質を過酸化脂質に変えたりするので、老化やがんや生活習慣病などの原因となります。フィトケミカルの抗酸化作用で、アンチエイジングや免疫力の向上、がんや生活習慣病の予防に役立つという効果が期待されるわけです。

薬効が知られているフィトケミカルの種類として、水に溶けやすい「ポリフェノール」のイソフラボン（大豆に含まれる、以下同じ）・アントシアニン（赤ワイン）・カテキン（お茶）が最初に登場し、脂溶性である「カロテノイド」のβ−カロテン（ニンジンやカボチャ）・リコピン（トマト）・ルティン（ホウレンソウやブロッコリー）などがよく知られるようになりました。一万種もあるフィトケミカルですからまだ研究の真最中で、濃縮した成分を過剰に摂取した場合の安全性は十分に検証されていないので要注意です。

私が推奨するバランスよくフィトケミカルを摂る方法は、野菜や果物を赤・橙《だいだい》・黄・緑・紫・黒・白の七色に分け、一週間単位でローテーションして食べることです。赤はトマト・スイカ、橙はニンジン・カボチャ、黄はトウモロコシ・レモン、緑はホウレンソウ・オクラ、紫はナス・ブルーベリー、黒はジャガイモ・お茶、白はキャベツ・ネギが代表的です。こんなレシピはいかがでしょうか。

（二〇二三年九月十五日４６３号）

54

恐竜が愛したモクレン

寒い冬が去って春が来るや、早足で一気に桜が開花して散り、今はもう葉桜の季節になってしまいました。春は次々と花が咲いて目を楽しませてくれますが、実は私が特に好きなのは、三月から五月までの時期に咲くモクレンです。モクレンの花は落ち着いていて気取らず、人におもねることもなく、清楚で静かに花開いている、そんな風情があります。モクレンの花言葉として、自然への愛、荘厳、壮麗などがありますが、誰もがそんな感じを抱くためでしょう。

それはモクレンが地球上の最古の木の花であり、現在の木の花のご先祖であるためかもしれません。というのは、1億年も前の地層からモクレンの仲間の化石が発見されており、花の形は当時も現在と同じであることもわかっているのです。草食恐竜であるステゴサウルスやトリケラトプスの好物であったのでしょう。その頃の哺乳類はリスくらいのサイズで、昼間は恐竜に見つからないようにひっそり隠れており、夜中に起き出してはコソコソ餌捜しをするようなか弱い動物でした。

ところが約六千五百万年前、地球に大きな隕石が衝突して恐竜が絶滅してしまいました。それ以後、ニッチ（生息場所）が開けたので哺乳類は昼間に堂々と活動できるようになって体も大きくなり、やがて霊長類、そしてヒトにまで進化してきました。モクレンはこの地球大異変の際にも生き残り、以来途絶えることなく命をつないで、ホモサピエンスまでの進化の一部始終をずっと見てきた由緒ある植物、という風格も感じられますね。

モクレンの仲間には、コブシ、ハク（白）モクレン、サラサモクレン、シ（紫）モクレン、朴《ほお》の木、タイサンボクなどがありますが、学名の属名にはすべてマグノリア[*1]が付いています。モクレンのことを研究した、十八世紀フランスのモンペリエの植物学者であるピエール・マグノル[*2]さんに因んでのことです。それに種小名リリフローラ[*3]

（ユリのような花）が付けばシモクレン、デヌダータ[*4]（裸の、露出した）が付けばハクモクレン、コブス[*5]が付けばコブシ（辛夷）というわけです。通常モクレンと呼ぶのは、大きな紫の花びらを付けるシモクレンを指すようです。

　モクレンと一口に言いましたが、春先にまず咲き出すのがコブシでしょうか。日本原産で種小名は日本語のままコブスになっています。山地の高木に白い花が上下左右にいっぱい咲き、春の喜びを表しているようです。昔、コブシが咲くと田植えを始めたことから、「田打桜（たうちざくら）」と呼ばれたそうです。同じ頃に咲くのがハクモクレンで、花はすべて上向きに咲きます。コブシとハクモクレンはよく似ていて区別がむつかしいのですが、コブシの花弁はやや薄くて花の首には緑の葉がついていることが多く、ハクモクレンは花弁が厚く花の首には産毛に覆われた筒状の小葉がついていることで見分けることができるでしょう。コブシは高く大きく育つのですが、ハクモクレンは比較的小ぶりで、わが家の近くの並木に使われています。

　シモクレンの開花は三月下旬から五月までと長く続きます。江戸時代にはすでに中国から渡来しており、花が蓮（はす、はちす）に似ているので、木に咲く蓮で木蓮（モクレン）となりました。一方、五月になって大きな白い花が咲くのが朴《ほお》の木で、葉が大きく、食べ物を包むアルミホイルのようにして使われたので「ほう（包）の木」と呼ばれたという言われがあります。早くも万葉集に朴柏（ほほがしわ）として登場しています。

少し変わった呼び名として、モクレンやコブシのつぼみの先端部が揃って北の方を向いているためコンパス・フラワーと呼ばれていることです。別にモクレンが磁石を持っているわけではなく、つぼみの南側には日が良く当たってぷっくり膨らむので、結果的に反対側のつぼみの先端部が北を向くということになるわけです。

昔、東京天文台（当時）の構内に住んでいた頃、よく深大寺まで散歩したのですが、野生のモクレンを見て武蔵野の風情が残っていたことを思い出します。

（二〇一八年四月十五日333号）

＊1　Magnolia　＊2　Pierre Magnol
＊3　liliflora　＊4　denudata　＊5　kobus

4章

未来と社会と子どもとの関わり

55

可能性の錯覚

私たちは、視覚（目）・聴覚（耳）・触覚（肌）・味覚（舌）・嗅覚（鼻）の、いわゆる五感（あるいは五覚）で外部からの刺激を感じ取り、それを脳が意味付けすることによって外部世界の状態やその変化を感知しています。これが「知覚」なのですが、感じ取った情報を脳が処理し再構成する過程で、刺激を与えたものの本来の性質とは異なった知覚となる場合があります。これを「知覚の錯覚」と言います。

エッシャーが描いた昇り続けているのに元の場所に戻ってくる無限階段や、ぐるりと一回りをして常に流れ落ち続ける水路などの絵は視覚の錯覚を利用しています。実際には起こりえないはずなのに、それが可能であるかのように見えるのです。目の網膜で感知しているのは二次元画像なのですが、脳が奥行きを余分に付け加えて三次元へと再構成するので不可思議な世界に見えるのです。また、アニメーションの各コマは静止画なのですが、少しずつ違った静止画を連続して見ると、実在していないのに動きとして見えるのも知覚の錯覚の一例です。感覚器官は意外に簡単に騙されますから、目撃情報はあまり当てにならないとされています。

さらに、欲求や願望のように心が強く求めている事柄については、「思惑の錯覚」が起こることがあります。五感ではなく、脳自身が創り出す夢想が現実に生じていると錯覚させる場合です。こうなるはずと思い込むと、それ以外のことが目に入らなくなってしまうとか、こうあって欲しいと強く願うと、実際にそうなったような気になってしまう現象のことです。

この現象は「可能性の錯覚」とも呼ばれており、宝くじを買った当座は当選した気分になって気前良くなり、極端な人は賞金分の買い物をしてしまうそうです。あるいは、ダイエットを始めて間もないのに、もう痩せられたと錯覚して、かえって食べ過ぎてしまうような人もいます。そういったことを表す昔の言葉に、「太早計《たいそうけい》」とか

「速了《そくりょう》」という表現があります。

可能性の錯覚には異なった側面があります。例えば、「教師期待効果」と呼ばれるのは、教師がふと「この子は優秀になる可能性がある」と予期して接していると、知らず知らずのうちに子どもを励ましたり、ヒントを与えたりしていて、結果的にその子どもの学力が向上するというものです。別名を「ピグマリオン効果」と言います。キプロスの王であるピグマリオンが女性の胸像に熱烈に恋焦がれたことをいとおしんで、神が胸像を本当の女性に変えてくれたというギリシャ神話にちなんでいます。人間は強く期待すれば、それが成就する結果に導かれるというわけです。

このことをハーバード大学のローゼンタールたちが心理学実験で、教師に優秀でもない子どもについて、優秀だと嘘の情報を与えて期待を持たせた場合、その期待によって子どもたちの成績や知能指数が向上することを証明したと報告し、「ローゼンタール効果」と呼ばれています。逆に、子どもが教師から期待されないまま放っておかれると、成績が下がっていく場合もローゼンタール効果と（「ゴーレム効果」とも）呼ばれています。もっとも、ローゼンタール効果にはさまざまなバイアスがかかっており、そのままでは受け入れられないとの意見もあって決着がついていないそうです。

私は、可能性の錯覚を学習の場で積極的に活かせば、子どもたちの成長にとってプラスに作用するのではないかと考えています。むろん、むやみに褒めて増長させるのではなく、その成長に応じた激励法を工夫する必要があるのですが。

逆に、教師が子どもに悪い印象を持てば、意識しないままその子に辛く当たってしまい、落ちこぼれさせてしまう可能性があることをよく心得ていなければなりません。そう思うと、現在の先生方が置かれた忙し過ぎる労働環境を何とかしないと、可能性の錯覚を常に意識して行動するどころか、忙しさで子どもたちにまともに向き合わず、邪険に扱うことになりかねません。

私たちも、何気なく口にした一言が、周囲の人を勇気づけていることもあれば、傷つけていることもあることを、よく自覚しておかねばなりませんね。

（二〇二二年四月十五日４２９号）

56

叱ることと褒めること

子どもたちの素直な性格を生き生きと伸ばすためには、叱るより褒める方が教育効果が大きいとよく言われます。それはわかっているけれど、通常は短所ばかりが目に付いてつい叱ってしまうことが多いのが実情です。また、実際にも褒めるより叱る方が効き目があると思うことが多いのではないでしょうか。

というのは、叱ると、少なくともその場では反省して行動を改めてくれるという効果があるので叱った甲斐があります。ところが、褒めても子どもはニコニコするけど生活態度は余り変わらず、褒めたことが良い作用になったのかどうかよく見えません。かえって褒めたことで増長させたため行動が悪くなるかもしれない、そんな心配もあって、つい褒めることを躊躇してしまうわけです。

事実、子どもの成績が上がったとき褒めると、次は下がることが多くあります。逆に、成績が下がった時に叱ると、次には上がることもよく経験します。そのため、褒めると逆効果で成績が下がり、叱ると発奮して心を入れ直すので成績が上がる、とつい思ってしまいます。果たしてそうでしょうか。現実に起こっていることはそうではなさそうなのです。

子どもの学習能力には誰でもその子なりの平均値があります。百点満点をいつもとるわけではなく、といって毎回五十点以下になるわけでもない、そんな子どもの場合は、平均して七十点くらいをとる実力があるでしょう。といって、いつも平均の七十点をとるわけではなく、九十点をとる時もあれば五十点の時もあります。平均点を中心にしてランダムに上下しているのです。だから、たまたま良い成績をとっても、その次は悪い成績になり、たまたま悪い成績であっても次は良い成績になる、というのを繰り返しているのです。

これは「平均への回帰」と呼ばれる確率的な現象で、ある測定値が極端な値をとった場合、もう一度測定すると、平均値の方へ戻る傾向があるということから、偶然の事象に当てはまる法則となっています。成績の場合、実力を反映する「真の値」と（体調の良し悪しやヤマ勘が当たったり外れたりしたという）偶然に支配された「誤差」の成分の二つの和から成り立っていて、この誤差が成績を良くしたり、悪くしたりするのです。誤差はランダムですから、成績を良くする場合も悪くする場合も半々に起こり、結果として平均の真の値をはさんで上下するだけ、つまり平均値に「回帰する」というわけです。相撲取りが、良い成績の場所があれば悪い成績の場所もありますが、結局その実力に応じた平均の番付を上下していることはご存知でしょう。野球の選手も同じです。ヒットがよく出る日と三振ばかりを繰り返す日があり、結局平均の打率に落ち着くのです。私たちの日常生活は山あり谷ありですが、平均すればソコソコの人生を歩んでいるということにも適用できるかもしれませんね。

この法則を知っておけば、子どもの成績が下がってもガミガミ叱らず励ましてやり、成績が上がったときは褒めながら気持ちを引き締めるというふうに、長い目で見てやるのがよいということがわかると思います。大事なのは、平均の実力がどの程度であるかを知っておくこと、そしてあまり高望みしないこと、その上で実力を上げるためにどうすればいいかを考えてやることです。

その要点は、自分はやればできるのだという自信を持たせることで、それには褒めて自覚させることが一番です。バカだバカだと言われ続けると、誰だって頑張ろうという意欲は失せるでしょう。本当はできるのだから、力があるのだから、もうちょっと頑張ってみようよ、と言われれば人は発奮するものです。

このことから、名門と言われる家系には名をはせる人物が多く育つ理由がわかるでしょう。名門とは平均値が高いことが当たり前とされる家柄のことで、子どもを叱るより励まして自覚を促す方が多いため、子どもも知らず知らずのうちに実力を涵養しているのです。こう考えると、名門ではない私たちだって、褒めて子育てをすればきっと良い子に育つのではないでしょうか。

（二〇二〇年十二月十五日397号）

57

近いほど遠い、遠いほど近い

毎日顔を合わせている両親やきょうだいから意見されると、つい反発して言い返してしまうのに対し、そう頻繁に会うわけでもない親戚の人からだと、しんみりとなって意見を素直に受け入れられる、そんな経験はないでしょうか。同じ言葉や内容であっても、近い関係であるほど強いインパクトで響くので反発し、遠い関係の者から聞くと自分のことを思ってくれているとしみじみ感じて素直に受け入れる気になるものです。

認知症の人にこの傾向が顕著に見られるそうで、日ごろ少しも声をかけてくれない自分の息子たちよりも、たとえば証券会社の外交員だと称する人間にやさしく接してもらえるので嬉しくなり、怪しげな儲け話に乗せられて大金を騙し取られることが多いのも、このためかもしれません。「近いほど遠い、遠いほど近い」のです。

若年層の肥満に関して、こんな調査結果が発表されました。アンケートをとった平均年齢が二十五歳の若者千二百九十四人のうち、半数に近い47%の人が「パートナーからダイエットをするように言われている」と回答しました。ダイエットは若いカップルにとっては重要な話題なのです。その中で、ダイエットのことをパートナーから言われる頻度が高いほど、食を抜くとか、健康食品のダイエットピルを過剰に摂取するといった、不健康な方法で体重をコントロールしようとしており、かえって過食に走る傾向が見られたそうです。

この傾向は女性に顕著で、パートナーから「まったく言われない」女性と比較すると、「いつも言われている」女性の過食症の比率は二倍もありました。若い女性の場合、最も近い関係にあるパートナーから容姿に関わるダイエットのことをとやかく言われると、むしろ反発の気持ちが強くなって過食に走るようなのです。この調査から、パートナーの体重のことを心配しているのであれば、直接ダイエットのことを言うのではなく、長い目で見た健康への配慮を話し合う方が大切であることがわかりますね。

高齢者夫婦の場合、カミさんはご亭主が病気にならないよう気を遣って、お酒の飲み過ぎが原因で脳溢血《いっけつ》で倒れた人のことを言いたがるものです。それでご亭主がお酒を控えるようになればいいのですが、「自分は大丈夫だ」と思い込んでいますから、言われるとかえってお酒の量が増えたりしかねません。そこで、遠い親戚の人に頼んで「日ごろ節制されているからお元気そうで何より」と言ってもらうのです。これを聞くと、少しお酒を減らして期待に応えねばならないと思うでしょう。遠くの人の誉め言葉は、心に染み入るものなのです。

一方、子どもたちにとっては学校の成績のことがいつも頭を離れません。ところが、最も近い関係にある両親（特に母親）から「勉強しなさい！」と強く言われると、それに反発して机に向かっても隠れてゲームをして勉強の手を抜くことが多くあります。そこで大事なのは、北風で無理やりオーバーを脱がせようとはせず、まずは太陽のように暖かく見守り、本人の勉強しようという気持ちが高まるのをじっと待つのです。実は、子どもは勉強をしないと何となく不安になるもので、その気配を察したときに励まして手助けをすればいいのですが、なかなかそのタイミングを計るのは難しいものです。

そこで子どもにとっては大人と思える人（若いおじさんやおばさん、家庭教師とか塾の先生など）に、自分の子ども時代の経験などを語ってもらうのがいいのではないでしょうか。吉野源三郎の『君たちはどう生きるか』という本が復刊されてベストセラーになりましたが、主人公のコペル君に助言を与えてくれる「おじさんのノート」が重要な役を果たしました。そこには「こう考えたらどうだろうか」と、押し付けでも命令でもなく、しみじみと心に沁み込んでくる言葉が書かれており、コペル君はそれに励まされたのです。

近いほど「助言が伝わるのが」遠く、遠いほど「助言が伝わるのが」近い、そのことをよく心得て、遠回りのようだけれど効果的な方法を探すのが大事ですね。

（二〇二二年十二月十五日４４５号）

58

寝る子の海馬はよく育つ

誰もが知っていることわざに「寝る子は育つ」があります。通常は、よく寝る子は健康で丈夫に育つという意味に解釈されますが、逆に健康だからこそよく寝るので丈夫に育つのだと言う人もいます。よく寝ることと健康であることは相関があることは確かだけど、どちらが原因でどちらが結果なのか（因果関係）はわからないというわけです。いずれにしろ、「寝る子は賢い親助け」で、あまり泣かずによく寝る子を持つと親は手がかからず助かるし、ましてや丈夫に育ってくれるのだから、よく寝る子はこの上ない親孝行と言えるでしょう。

ある大学の研究チームが四年間かけて、健康な5～18歳の子ども二百九十人の平均

タツノオトシゴ
Hippocampus

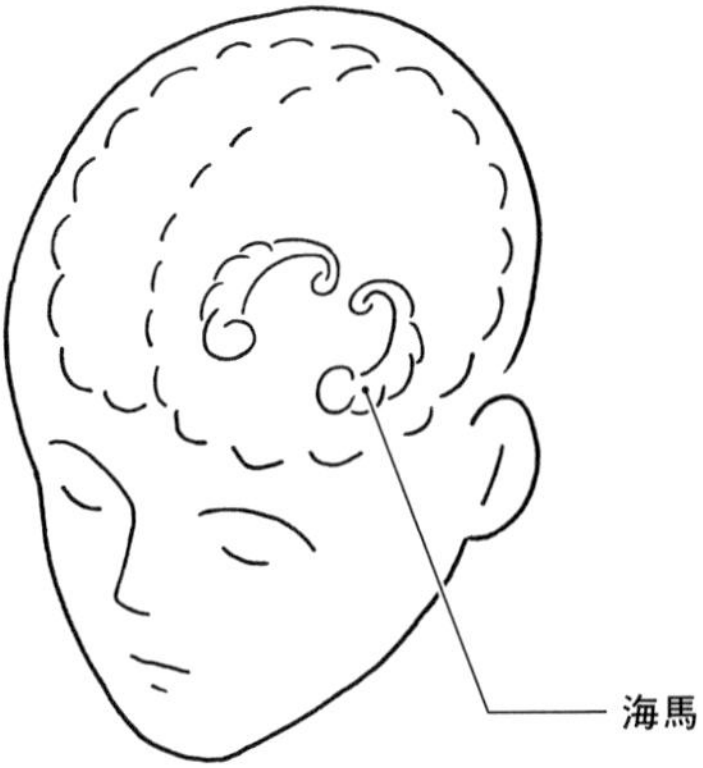

海馬
Hippocampus

脳の海馬とタツノオトシゴ：海馬は馬の首のような形のタツノオトシゴに似ていて、どちらもヒポカンポスと名付けられています

睡眠時間と、それぞれの「海馬」と呼ばれる脳の部位の体積をＭＲＩ（磁気共鳴画像法）で調べました。その結果によれば、睡眠が十時間以上の子どもは六時間の子どもより海馬の体積が一割ほど大きいことがわかりました。どうやら、よく寝る子の海馬がすくすくと育つのは確かなようです。

脳の海馬という部位は大脳の下の方の側頭葉にある、直径1センチ、長さが5センチほどの、ちょうど小指の大きさくらいの器官です。その形がギリシャ神話の海の神ポセイドンが乗る、海の怪獣である馬の下半身によく似ているため、そのギリシャ名のヒポカンポス[*1]と名付けられたそうです。

英語ではシー・ホース[*2]でタツノオトシゴを意味し、脳の海馬が馬の首のような形をしたタツノオトシゴとよく似ているためで、日本語の海馬は英語名をそのまま直訳したものです。

大都会ロンドンのタクシー運転手は町中の小さな通りや脇道までよく知っていることで有名ですが、かれらの海馬の大きさを調べると、一般の人より有意に大きく、それも勤務年数の長さに比例して大きいという結果が得られました。年をとるにつれ海馬が大きくなっているのです。かつて脳細胞の数は生まれた時点から増えることはないと考えられていましたが、この結果から、脳の働かせ次第で脳細胞も増えるのではないかと考えられるようになり、事実そうであることが証明されました。

海馬は、脳内部の大脳辺縁系にある古い大脳皮質（爬虫類や両生類など哺乳類よりも古くから生きていた動物も備えている脳の部位）で、本能や情動というあらゆる動物が備えている能力を支配する中枢なのですが、もう一つの重要な役割は短期記憶の中継基地であるということです。海馬に大きな損傷を受けた患者さんが、ついさっき会った人や済ませたばかりの食事のことをさっぱり覚えていないという症状から発見されました。

研究の結果、五感で得られた情報はすべて海馬に送られて数十秒間保持（記憶）され、その間に必要か不必要かを判断して、不必要な情報は捨て、必要だと判断した情報だけを大脳の関連部位に送っているのです。送られた情報は長期記憶としてその部位に保存されており、海馬は保存されている情報が必要になったとき思い出す作業もしています。

というわけで、海馬の働きが衰えるとすぐ最近のことは記憶できなくなるのですが、長期記憶に保存されている昔のことはすらすらと思い出せるのです。

年をとるにつれ、古いことは覚えているけれど、ついさっきのことなのに覚えておらず、覚えてもすぐ忘れることが多くなった、ということを経験される方も多いのではないでしょうか。それは短期記憶を担う海馬がくたびれてきているためのようです。実際、高齢者のアルツハイマー患者の海馬は有意に小さくなっていることが明らかにされています。海馬は健康な脳を維持する上で重要な場所なのです。

寝る子の海馬はよく育つという結果は、そのような子どもは記憶がしっかりしていて情報処理が円滑であるため、豊かな感情表現ができる子どもとして育つということかもしれません。とはいえ、睡眠時間が長すぎると睡眠中に目覚める回数が増えて睡眠の質が下がるという報告もあり、むりやり長く眠らせるのは逆効果であることにご注意を！

（二〇一八年五月十五日335号）

＊1　hippocampus　＊2　sea horse

59

フィルターバブルと情報の偏り

「バブル」を辞書で引くと、①泡・あぶく、②泡のように消えやすいもの、はかないもの、③投機目的で株や土地の高騰をまねく状況、と書かれています。通常は水の泡をイメージしていて、一気に膨らみ、すぐに壊れて消えてしまう短命の「あわ」を意味しています。バブル経済も、株価や地価が急速に値上がりし、短時間でシャボン玉が弾《はじ》けるように一気にしぼんでしまう現象のことで、まさに泡と同じです。

ところが、ここ数年バブルに新しい意味が付け加わるようになりました。二〇二一年の東京オリンピック・パラリンピック時に使われたのが「バブル方式」でした。選手がコロナウイルスに感染しないよう、競技場を大きなバブルで包み込むように厳重に隔離し、選手たちはホテルと競技会場間を専用バスで往復するだけとして、観客やメディアと完全に遮断したのです。これと同様だったのが「ソーシャルバブル」でした。バブル方式による隔離の実生活版で、家族や仲間など十人ほどをシャボン玉で包むように集団化し、それ以外とはウイルス感染が起こらないよう厳格に外部との関係を断つというものです。

この場合のバブルは「透明の強固な容れ物」という意味で、穴が開いても簡単には壊れず、閉じ込め機能をそのまま継続しています。何より、バブルは物質ではなく、公権力による規制とか公衆の監視という、他人が押し付ける目に見えない障壁ですから拒否することができず、簡単には逃れられません。戦前、戦争に反対する人に非国民とか国賊というレッテルを貼って人々との接触を遮断したのも、この意味のバブルの利用であったと言えるでしょう。

さらに、デジタル時代になって、「フィルターバブル」という言葉が使われるようになりました。外部から入って来る数多くの情報に対し、気に入らない情報は入って来ないよう遮断し、気に入る情報のみが入って来るようにするフィルター機能のことを意味します。バブルの隔壁を成すのは目に見えないフィルターというわけです。今やSNSなどで多量の情報が飛び交っていて、それらを全部見ることができないのは明らかで、何らかの基準で情報を選択する必要があります。そこで自分の気に入った情報のみを選ぶという、極めて「私意的」なフィルターを通すわけです。情報の偏りという危険性があることは言うまでもありません。

これは情報を受ける側がかけるフィルターですが、情報の発信側がかけるフィルターもあります。そのことを強く感じているのは、ロシアのウクライナ侵攻の報道です。ロシアが情報鎖国を貫いていて有効な情報を出さないこともあって、私たちはウクライナや欧米のメディアにほとんどの情報を頼っています。戦争をしている当事者からの発信ですから、やはりフィルターがかかっていることは事実でしょう。

例えば、ロシアの攻撃をどの大隊が行ったか、実際にどのような武器が使われたかの詳しい報道はなく、建物の破壊と大量殺戮の結果が知らされるのみです。ロシア軍に従軍記者がいないためで、戦争報道には戦闘の現場に赴《おもむ》いた勇気ある記者の生身の目撃情報が不可欠であることがよくわかります。ウクライナ側についても、武装抵抗がどのようになされているのかがよくわかりません。アメリカやNATO諸国から送られた戦車やミサイルを反撃に使っているはずですが、その戦果の詳細な報道がないのです。西側から多くのジャーナリストが従軍しているのに、どうなっているのでしょうか。むろん戦争ですから、ロシアもウクライナも情報統制を行っているのは言うまでもありません。従って、私たちはフィルターのかかった情報から、そこで行われている状況を想像するしかないのです。

このような情報発信にフィルターがかかり、受信する人間もフィルターをかけて気に入った情報しか得ていないわけですから、まったく偏った情報で世界を見ている可能性があります。だから、せめて自分はフィルターバブルに閉じこもっていないか点検し、厭《いや》なデータも取り込む姿勢が必要ではないかと思っています。

（二〇二二年五月十五日431号）

60

カマキリ占いとすばる占い

古くから伝わる諺《ことわざ》は教訓や諷刺など人々が言い伝えてきた言葉ですが、特に未来について予測する諺は、経験によってその普遍性に気づいたもので、当たっているものとしてよく知られているのは「夕焼けになると明日は晴れ」ですね。陽の沈む西空が赤く染まる夕焼けの翌日は晴れることが多いことを体験してきたからでしょう。西空に雲がなければ夕陽は空中を遮られることなくやって来られます。この場合、波長の短い青色は散乱され、波長の長い赤色の光は通り抜けて来るので、空が赤く染まって見えるのです。天気は西から変わり、西空に雨を降らせる雲がない、そのために翌日は晴れるというわけです。「春の夕焼け水門《みと》を下げ」とか、「秋の夕焼け鎌を研《と》げ」と晴天を予想して前夜から仕事の準備をしておけという諺も同じです。しかし「夏の夕焼け井手（水田の水止め）外せ」と、翌日は大雨と一見逆の諺もあります。実は、翌日晴れると夏は日光が強いので積乱雲が発生しやすく集中豪雨となることがあるから注意しろ、ということのようです。

また、季節に関係するものとして、「秋に赤トンボが多い年は雪が多い」、「ソバの花がよく咲くと大雪」、「カマキリは雪の高さに合わせて卵を産み付ける」など、豪雪地帯ではやがて来る冬に雪が多いか少ないかを占う諺が多く伝えられてきました。降る雪の量が生活に大きな影響をもたらしますから、降雪量をあらかじめ知っておきたいと願ってアレコレ観察し、相関がありそうなものを探したのでしょう。しかし、本当に赤トンボやソバやカマキリが秋のうちに、3～4ヵ月も先の積雪量を予知できるのでしょうか。

実際にカマキリが産み付けた卵の位置と積雪量の関係を調べた人がいます。吹き溜まりの場所と吹きさらしの場所では溜まる雪の量が違うし、樹高や土地の傾斜角の地点補正などが必要で、それらを考慮してデータをまとめたものです。その結果、残されている卵の位置と積雪量は誤差の範囲で良い一致を示しました。実は、昔からこのことは経験的に知られており、諺のように、カマキリは積雪ギリギリの場所を予想して卵を産むとされてきたのです。

しかし、低い場所に生みつけられた卵は雪に埋もれて腐ってしまい、高い場所だと鳥に喰われてしまうので、ランダムな高さで産卵しても結果的に降り積もった雪の高さくらいのものしか残らないという解釈ができます。従って、カマキリが積雪ギリギリの場所を予知して卵を産んだという証拠にはなりません。また植物の種類によっては卵の高さがマチマチで規則性がないことも示されています。つまり、諺は都合の良い結果だけを見て、カマキリに予知能力があると強引に解釈していたわけです。赤トンボやソバの諺も同様ではないでしょうか。

これらの諺が本当に成立しているかどうかを調べるためには、秋の間に赤トンボの数やソバの生育状態やカマキリが卵を産んだ場所を綿密に調べておき、実際に迎えた冬の雪の量と比較するという作業を、何ヵ所もの場所で、何年にもわたって行う必要があります。場所による差異や年ごとの変動があるので、それらを上回る数のデータを集めなければならないからです。

生物ではなく星座を使っているのが、南米ペルーの「すばる占い」です。星座のすばるが十月にボーっと見える時は翌年の三月に雨が多いと占ってジャガイモの植え付けを遅くし、くっきり見える時は雨が少ないと占って早く植え付けるのが良い、という言い伝えが古くからあるのです。この言い伝えは、人工衛星を用いた高層大気の観測から、概《おおむ》ね正しいということが証明されました。高層大気には数ヵ月かけて変化する運動モードがあり、すばるの見え方が雨量と関係があることがわかったからです。

諺は迷信に過ぎないとしりぞける人が多いのですが、夕焼けや天体など自然現象に関係させた言い伝えには科学的に正しいものが混じっていそうで、実際に確かめてみるのも面白いのではないでしょうか。

（二〇一九年十一月十五日３７１号）

61

愛と数学を謳う短歌

およそ愛と数学は水と油で無縁のように見えますが、二つを結び付けて短歌として謳うというコンテストがツイッター上で行われました。このコンテストの仕掛人は数学に関連する企画のプロデューサーで、数学の楽しさを世の中に伝える活動を行っていて、数学が苦手な文系の人でも参加できるよう、短歌にすれば思いがけない作品が出てくるのではと期待したのです。数学の概念や用語を密かに思う人へのあこがれの気持ちや恋心と結びつけて三十一文字《みそひともじ》にするのはとても難しいと思ってしまうのですが、なんと約二千首もの応募があったそうです[*1]。これを読んで、つい唸ってしまう作品が多いのに感心しました。いくつか紹介しましょう。

途中式全部飛ばして答えだけ　合わせるような台詞はやめて

は、恋のよしなし事を素朴に数学と結びつけた短歌で、苦笑を誘う、しかし何となく納得できる気分がよく出ています。

数学では距離を求める問題が多くありますが、それに引っかけて、

座標から距離の出し方知ったけど　距離の詰め方教科書にはない

と、ふたりの間の距離を思って、どう近寄るか（詰めるか）思案している様が偲ばれます。そこで、勇気を奮ってゆっくり近寄っていけばいいんだと、

半分の距離に寄ってもいいですか　何度なら許してくれますか

というわけです。しかし「ゼノンのパラドックス」という厄介な問題が控えていま

二人の間の距離

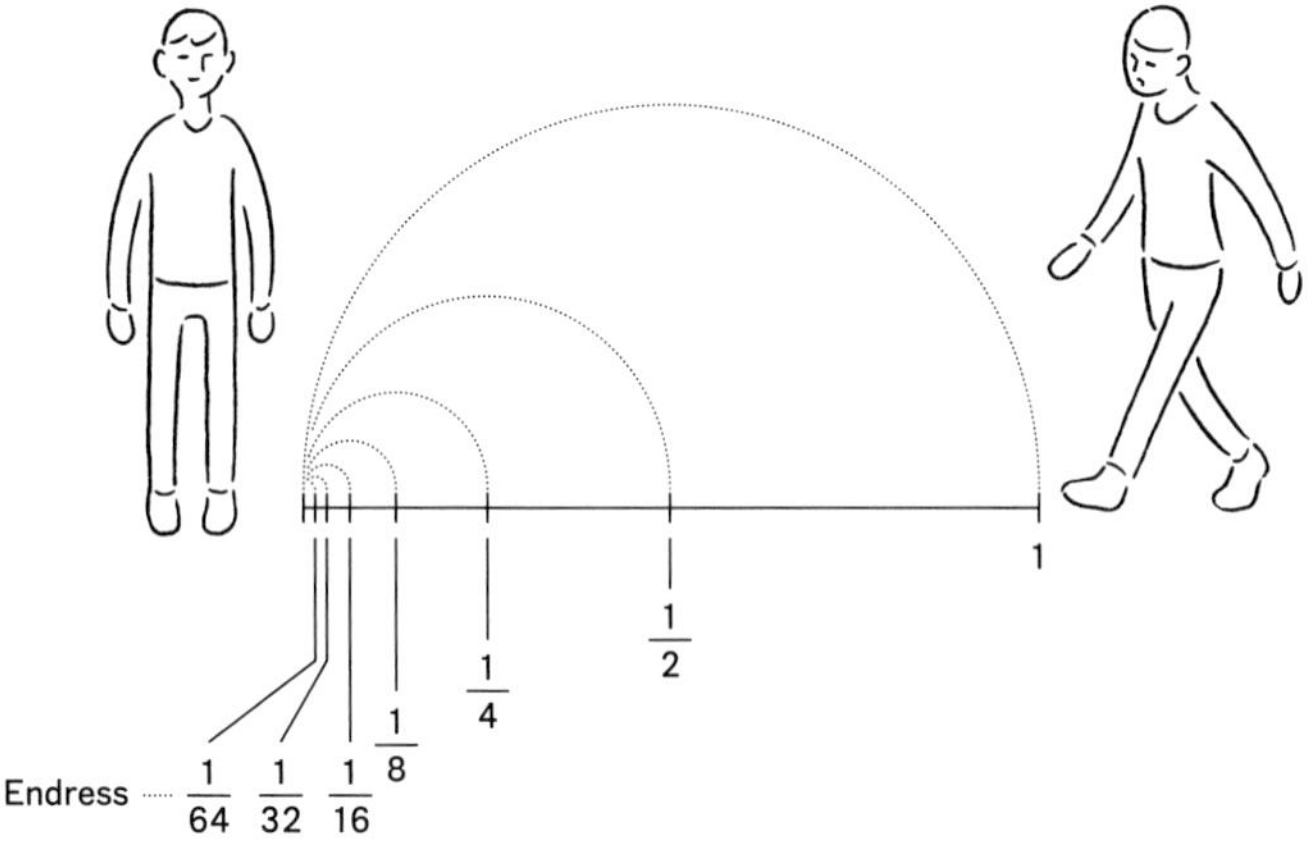

ゼノンのパラドックス：ある人に近づくのには、必ず半分の距離の地点を通らねばならず、それを無限回繰り返さねばならないので到達できない

す。

ある地点に行くのに、必ず半分の距離の地点を通らなければならず、いくら小さい距離になっても半分の距離の地点がありますから、無限回繰り返さなければならないので目的の地点には到達できない、というのがゼノンのパラドックスでした。むろん、実際には難なく目的地点に到達できるのですから、常識に反しているのでパラドックスと呼ばれているのです。無限回繰り返すことは必要ですが、無限の時間がかかるわけではないためで、1／2にその半分の1／4、またその半分の1／8というふうに、次々と1／2ずつした数を無限個足

せば有限の1となるという結果でしたね。

幾何学では平行線の定理がおなじみで、二人の気持ちが平行のままの歯がゆい想いを思い切って、

平行線1°動けば交差する　だから私も一歩踏み出す

と勇気ある決心を詠いました。しかし、これは私たちが普通習うユークリッド空間という平たんな（曲率がゼロの）空間のことで、曲率がプラスの球面のような閉じた空間や曲率がマイナスの馬の鞍のような開いた空間（これらをリーマン空間と言います）も考えられます。閉じた空間では平面上に引かれた平行線を引き延ばしていくといずれ必ず交わるのです。だから、

平行線君と交わることはない　世界がちがえりゃ出会えたかもね

と「世界がちがえりゃ」いいわけです。もっとも、逆の開いた空間では平行線を引き延ばしていくうちにどんどん離れ、永遠に交わることがないので、どんな違った世界を選ぶか考えなければなりませんが……。

数学には「婚約数」と呼ぶ、なんとも人間臭い数の組み合わせが定義されていります。婚約数とは、異なる二つの自然数の組で、一と自分自身を除いた約数の和が互いに他方の数と等しくなるような数のことで、最小の婚約数は（48と75）です。48の1と自分自身を除いた約数は（2、3、4、6、8、12、16、24）で、その和は75になるのに対し、75の場合は（3、5、15、25）でその和は四八になっています。そのことに気づいたのでしょう、

誕生日　あなたと私婚約数　だからあなたは運命の人

とまさに運命的な出会い！　というわけです。これ以外にも「友愛数」とか「社交数」があり、数学にはなかなかしゃれた用語が使われていて楽しいですね。

感心したのが、

何気ない午後五時二十九分も　君と夕日を見たら特別

で、1729を「タクシー数」と言います（その意味は長くなるので省略しますが、調べてみて下さい）が、これを知っているのかと驚いたことでした。

皆さんも、数学（のみならず物理や化学）の概念や定理が登場する和歌に挑戦されてはいかがでしょうか。世界が広がりますよ。

（二〇二〇年四月十五日381号）

＊1　『愛×数学×短歌』横山明日希著、河出書房新社を参考にしました。

62

年をとると時間が経つのが速いわけ

ガリバー旅行記の第一篇は大人でも普通の人の十二分の一くらいの背丈しかない小人が住むリリパット国へ、第二篇は反対に背丈が18メートルもある大きな人間が住むブロブディンナグ国へ行く物語です。体のサイズが大きく異なった人間を登場させ、異なった視点から文明の在り方や人々の生き様を描き出そうとしたのでしょう。作者はアイルランド出身のジョナサン・スウィフトで、当時、イギリスに搾取されて貧困にあえいでいたアイルランドの窮状を訴え、またイギリスの支配が不当であり堕落していることを告発するために、架空の旅行記という形をとって書いたものです。続く第三篇では「空飛ぶ島」であるラピュータ国の科学者を批判し、第四篇では馬のような姿の合理的な種族と野蛮で邪悪な生き物ヤフーとの確執、というふうにスウィフトの痛烈な批判と鋭い諷刺は容赦しません。つい好きな作品なので前置きが長くなってしまいましたが、ここで話題にしたいのは体のサイズと固有時間の関係のことです。

ガリバーが会った小人国の人間は身長が私たちの十二分の一くらいですから体重は35グラム程度しかなく、大人国の人間の背丈は18メートルもありますから体重は85トンにもなります。[*1] さて、こんなに体重が違う人間でも私たちと同じようなペースで動くものでしょうか。

体重が20グラム程度のハツカネズミは、いつもせわしそうに走り回っています。人間の脈拍（心臓の鼓動）はほぼ一秒周期であるのに対し、ハツカネズミの脈拍は〇・一秒くらいの周期です。つまり、ハツカネズミの代謝は速くて〇・一秒が人間の一秒に相当する、逆に言えば人間が一秒かかる動きを〇・一秒でやってのけるのです。だから、人間よりも十倍濃縮された時間で生きていると思われます。そうすると、ガリバーが会った小人国の人間も私たちより脈拍の周期はずっと短く、せかせか飛び跳ねるように生きていたのではないでしょうか。

一方、大人のゾウの平均体重は約6トンくらいですが、ゆったり、ゆっくり動くのが普通です。体が巨大なため代謝も緩慢で、脈拍の周期は三秒くらいです。人間が一秒ですませることでも、ゾウにとっては三秒もかかることになるので、ゾウから見ると、人間はなぜそんなにせかせかと気忙しく動き回っているのだろうか、と思っているに違いありません。これと同じだとすると、ガリバーが会った大人国の人間はゾウの十倍以上もの体重ですから代謝はもっとゆっくりしていて、その動きはもっとノロノロしていて、ガリバーをイライラさせたに違いありません。

というふうに、生き物の固有時間を脈拍の周期ではかると、体重が小さいほど短く、大きいほど長いことがわかります。そして野生動物の寿命を調べてみると、ハツカネズミは三年程度しか生きず短命で、ゾウは七十年も生きるので長命ということになります。物理的な時間（客観的に流れる時間）で測ると寿命の差は非常に大きいのです。ところが、ハツカネズミが三年の寿命の間に打った脈拍の数は、ゾウが七十年もの寿命の間に打った脈拍の数とほぼ等しく、右の計算ではほぼ7～9憶回になります。実は、このことはすべての哺乳動物について同じことが言えるのです。つまり、脈拍数というそれぞれが固有に持つ尺度を単位として測れば、どの哺乳動物もほぼ同じ長さの寿命（同じ脈拍数）を生きるわけです。

私が子どものとき、一日が長く感じられ、あれもしよう、これもしようと、駆けずり回わり、長い昼寝をしても時間がたっぷりありました。ところが年をとるに従い、朝早く目覚め、何もしていないのに知らぬ間に時間が経ってしまうということを痛感するようになっています。きっと、子どもの頃は代謝が活発でハツカネズミのようにせかせか動くのが当たり前であったのが、年をとると代謝が遅くなってゾウのようにゆったり時間を過ごすように変わってきているのでしょう。

（二〇一九年九月十五日３６７号）

＊1　人間の平均身長を1・6メートル、体重を60キログラムとし、小人国・大人国いずれの人間も、体重は身長の三乗に比例するとして求めたものです。

63 ピラミッドは古代の公共事業

エジプトには大小さまざまなピラミッドが多数残されており、インターネットで調べると総数は百十八（一説では百四十）個とされています。砂に埋もれてわからなくなったものや崩れたり破壊されたりしたものもあり、これが最小で、正確に何個なのかわからないと思われます。

ピラミッドやスフィンクスは、紀元前二六〇〇年から二一〇〇年頃までの古王国時代にほとんど建設されており、その最盛期が紀元前二五〇〇年頃のクフ王のギザのピラミッドということになっています。

これら巨大ピラミッドを建設させた王（ファラオ）は残虐な支配者で、多くの奴隷は鞭打たれて重労働をさせられたと私たちは思わせられてきました。これは後世が作り上げた「古代は残酷で時代とともに良くなってきた」との進歩史観に基づく神話と思われます。最近になって、ピラミッドの建設は古代の健全な公共事業であったという説が出されているので紹介しておきましょう。

エジプトでは初夏に大雨が降ってナイル川が氾濫し、肥えた土が上流から運ばれてきます。大雨が降る季節を前もって知るために空を見上げる天文学が盛んになり、運ばれてきた土で覆われた土地を測量し再区画するために幾何学が発達したとされています。その土地を開墾して農業を行うのですが、その期間は秋の収穫期までです。その後は雨がほとんど降らないため、土地が干上がってしまい、ほぼ四ヵ月しか農業ができないからです。そのため、多くの失業者が発生することになります。人間は失業して遊んでいても食べられる状況であったとしても、労働して何か世の中の役に立っているという実感がなければ不満が溜まり、暴動を起こしかねません。そこで失業者の救済対策としてピラミッド建設が王国の公共事業として遂行されたというのです。

実際、ピラミッド建設に従事した人々に支給した食物や衣料の記録が残されており、その中身を当時の物価や生活レベルと比較して、どれくらいの価値があったのかが調べられました。すると、もし彼らが奴隷であったとすれば、支給された量が多すぎるのです。当時の生活レベルから計算すると、次の収穫期までの一家の生活を支えられるくらいもあり、労働に対する正当な報酬と考えるのが妥当という結論になったのです。

政治権力者が採用している、公共事業で景気をよくするとか、地元を公共事業で潤すという手法は昔も今も変わらないもので、公共事業で人々の機嫌をとるのが権力者の常であることがよくわかりますね。

ところで、なぜ私たちはピラミッド建設は奴隷労働で行われたと思い込んでいたのでしょうか。何しろ、巨大な岩石を運び、持ち上げ、組み立てていく、その作業は非常に大変だとわかりますから、奴隷にやらせないとできそうにないと思うためかもしれません。しかし、古代エジプトではっきりと奴隷制があったのは、紀元前一六〇〇年から紀元前一一〇〇年頃の新王国と呼ばれる時代なのです。エジプトの新国王はアジア・アフリカ・地中海諸国へと「帝国主義的」に侵略して国家の版図を広げ、そこで征服した異民族の人間を奴隷としてこき使ったのです。また一般人に対しても、税金の未納や夜逃げに対して苛烈な刑罰で強制労働を課し、家畜の窃盗をすれば奴隷に貶《おとし》めたとされています。

映画の「十戒」では、エジプトでユダヤ人の奴隷が鞭打たれながら重労働をさせられていました。この映画は、ユダヤ人がそのくびきを振り切り、モーゼに率いられて出エジプトを果たした物語でした。西洋の一神教の伝統を讃える宗教映画だったのですが、この映画が描いていたのはまさに新王国時代の紀元前一二五〇年の頃でした。ピラミッドの建設の時代とは千二百年以上も離れていますから、歴史的背景はまったく異なっているのです。しかし、私はついそのイメージをピラミッド建設にまで拡大してしまっていたのでした。

奴隷制が広がったのは主に武力で周辺諸国を支配しようとした野蛮な時代であり、近代における黒人奴隷も武力と金力による人間の支配であったと言えるのではないでしょうか。

（二〇一八年六月十五日３３７号）

64

「三項原理」のすすめ

昔から、議論の対立点を明らかにするために「二項原理」が採用されてきました。白と黒、上と下、大と小、左と右、表と裏、生と死、天と地、明と暗、聖と賎、理性と感性、太陽と北風、男性と女性、生まれと育ち、というふうに単純なものから複雑なものまで、二つの対立する要素を取り出し、その優劣や是非や正邪（これらも二項原理の言葉です）を比較し、競わせ、いずれを採用するかを論じる手法です。プラトン以来の伝統ある論法で、私たちもついそのような発想で議論する癖が身についています。いずれが○か×かを選択するので単純であり、わかりやすいという良さがあるためです。ある事柄の一つの要素のみを取り出して極限を比較するので、「一次元的論理」と言ってよいでしょう。

しかし私は、二項原理ではなく、三つのものが互いの長所と短所を補い合う関係も大事だと思っています。最も身近なものがジャンケンで、グー（石）とチョキ（鋏《はさみ》）とパー（紙）がそれぞれ勝ち負けの循環関係にあり、どれが最も強いとか最も弱いとは言えません。ある側面での強弱は言えても、別の側面での強弱（良し悪し）を持ち出すと異なった関係になるためで、互いに持ちつ持たれつの間柄であることが判明するのです。これを「三項原理」と呼ぶことにしましょう。二項原理は一次元的論理でしたが、そこにもう一つの異なった次元を加えて二次元論理としたことにより、さまざまな新しい可能性が含められるようになるのがわかりますね。

ところが残念なことに、どちらかが勝たねばならないという（男性社会の競争原理に由来する）単細胞的な発想から、勝負がはっきりしている二項原理ばかりで判断されてきました。たとえば、リスク・ベネフィット論という、損失と儲けのみを秤《はかり》にかける二項原理が企業活動の採否の原則のようですが、そこに決定的に欠如している要素があります。リスクを受ける人間は常にリスクばかりを受け、ベネフィットを受ける人間はリスクには無縁で、常にベネフィットを得ているという社会構造の非対称です。

原発事故の被害を受ける地域（これを「受苦圏」と言います）と住民と電気の恩恵を得ている都市（これを「受益圏」と言います）の住民を比べてみれば明らかでしょう。いま、人間の性に男と女の二つしかないことへの疑問が出されているのも、二項原理を越える新たな視点なのです。二項にもう一つの項目を加えて三項原理とすると、それらが相補的な関係を築けます。さらに三項原理では、対立を緩和しつつ、共存する道を探ることが可能になります。とはいえ、三項原理は「三つ巴《どもえ》」とか「三すくみ」とか「鼎立《ていりつ》」と言われ、良い意味に使われてこなかったのが、これまでの歴史でした。

昔、ヘビとカエルとナメクジとか、庄屋と猟師と狐が三項原理に使われました。インドネシアのグー・チョキ・パーは象・人・蟻だそうです。思いがけないものの組み合わせで、それぞれの長所（強い面）と短所（弱い面）を思い出させてくれています。近松門左衛門の「国性爺《こくせんや》合戦《かっせん》」では鉄砲と虎と老母で、和藤内《わとうない》（明朝再興に努めた日本人（和）と中国人（藤＝唐）の混血）の鉄砲は虎に勝ち、虎は獰猛《どうもう》さで老母に勝ち、老母は和藤内に親子の情で勝つ、という三項原理で芝居らしい強引さがありますが、世界が楽しくなるという気がしませんか？　どれかの側面に一辺倒にならないのが、三項原理の良さと言えるでしょう。

さまざまなものを三項原理で捉えてみると面白いかもしれません。政治家と官僚と企業家、警察と暴力団と右翼、マスコミと広告主と読者（視聴者）、とは生々し過ぎますが、いろんなものを連想すればそれなりにグー・チョキ・パーの関係があることがわかるはずです。このコラムの表題の天地人とか、雪月花・序破急・猪鹿蝶など三つをセットとして表現する手法も同じ発想から来ているように思えます。

韓国と北朝鮮と日本が三項原理で互いの長短を認め合い平和的に結び合えば、東アジアの素晴らしい関係が築かれるだろうに、としみじみ思っています。

（二〇二一年十一月十五日４１９号）

65

アインシュタインの手紙

手紙は、数千年前のメソポタミアやエジプト文明の時代から存在しており、人々は昔から遠く離れた人に近況を知らせたいという気持ちを持っていました。メソポタミア時代の楔形《くさびがた》文字で書かれた粘土板の多くは手紙であったようですが、運ぶだけでも大変だったことでしょう。エジプト時代になるとパピルス（葦に似た草の茎を乾燥させたもの、ペーパーの語源）に文字を書くようになって、現在の手紙の原型となりました。日本では、奈良時代に木簡（薄く細長い木の札）に墨で字を書いて送ったことが手紙の始まりで、平安時代になってから紙漉《す》きが行われて、和紙が流通するようになったけれど「書簡」と呼ばれました。「簡」には竹の札という意味があり、昔の書状の記憶が残っていたのでしょう。世界各地に残された手紙から人々の個人的な思いだけではなく、人間くさい秘話が暴かれたこともあります。

科学の世界では、新たなアイディアや発見を発表する科学雑誌ができる十七世紀までは、手紙を書くことが研究成果発表の手段でした。同じ手紙を数人の科学者に送り、自分が最初に発見した証拠として残そうとしたのです。日付入りの同一内容の手紙としましたから、独立した複数の証人がいて信用できるというわけです。

もっとも、手紙はその内容が盗まれ捏造される可能性があります。そこで、鏡文字(左右を逆転した文字)で書いたり、あぶり出しインキを使ったりと、苦労したようです。鏡文字で書かれたレオナルド・ダ・ヴィンチの書簡が残されていますが、確かにそれを見ただけでは何が書かれているかわかりません。もっとも、鏡文字で書くのも大変だったろうと同情してしまいます。

科学雑誌ができた近代に入ってからは、科学者の手紙は論文発表の手段から解放されて、もっぱら個人間のプライベートな通信手段となりました。それも、著名な科学者となれば受け取った人も大事に保存してくれますから、それを集めて死後に「書簡集」として出版されることになります。本人は、将来公開されるとは思ってもいないので本音で書いていて、厳格そうに見える科学者の生の人間性が暴かれるということもあります。私は『ふだん着の寺田寅彦』(平凡社)に書いたのですが、寺田寅彦の手紙から、彼が自分の子どもについては過保護な親バカそのものであることが発見でき、すごく近しい人間だと見直しました。

歴史上、最も多くの手紙を書いた科学者はアインシュタインかもしれません。残されている手紙だけでも一万通以上あるのです。平均すると、六十年にわたって、ほぼ二日に一通(晩年の三十年なら一日に一通)書いていることになります。これに匹敵するのはダーウィンだけで、この二人は手紙魔の科学者の双璧だと言っていいでしょう。

アインシュタインが最初の妻であったミレヴァに書いた若い頃の手紙は情熱にあふれ、あの謹厳そうなアインシュタインがと思うくらい甘い手紙です。日本の小学生から届いた手紙への返事には優しさが詰まっており、一方で読者からの、彼の理論への見当違いの批判の手紙にも丁寧な返事を書いており、実に誠実な人であったことがわかります。

興味深いのは、カルツァという名の科学者から新しい理論についての相談を受けたときです。アインシュタインは、手紙をもらってすぐに素っ気ない返事を書いたまま投函せずに放っていて忘れていました。二年後になって発見し読み返して考え直し、「これは素晴らしいアイディアだ」と、いかにも昨日手紙をもらったかのように返事を書いているのです。

一方のカルツァは、アインシュタインから返事が来ないので二年間悶々とした日々を送った後、やっと励ましの手紙をもらって、ただちに理論を発表し、一躍有名になりました。もしアインシュタインが忘れたままであったなら、カルツァは無名のままに終わったことでしょう。たった一通の手紙が科学者の運命を左右したことになったわけです。

現代はすべて電子メールになり、その内容もほとんど残らなくなってしまいました。なんとも残念なことです。私はそんな風潮に反発して、知り合いへの便りには絵葉書を書き送っているのですが、さて誰が残してくれるのでしょうか……。

（二〇二二年一月十五日４２３号）

66 「女子大生の日」と三人の女性科学者たち

暦に「女子大生の日」があるのをご存知でしょうか? 八月十六日です。今や、大学に進学する学生が過半数に迫り、その半分近くは女性なのですから、あえて女子大生の日なんて必要なさそうに思えます。しかし、医学部への入試に女性差別をしていた大学が多くあったことを思い出すと、やはり「女子大生の日」を存続させることが必要だと思わざるを得ません。

今から百年以上前、帝国大学には女性が入学できず、女子師範学校か私立大学にしか進むことができませんでした。それらの学校には大学院がありませんから、当然女性が科学者になる道も閉ざされていたわけです。

そんな時代の一九一一年に、東京と京都の二つの帝国大学に続いて、東北帝国大学（理科大学）と九州帝国大学（医科・工科大学）が正式に発足しました。画期的であったことは、東北帝大が一九一三年から女子学生にも門戸を開いたことです。この年、化学科に二人、数学科に一人の、計三人の女性が合格したのですが、その合格発表の日が八月一六日で、それを記念したというわけです。

競争の激しい化学科には十一人が合格したのですが、そのうちの二人が女性であったのですから、よほど優秀で、誰からも文句が出ない成績であったに違いありません。アインシュタインや寺田寅彦は、思想的にリベラルでしたが女性の能力に疑いを持っており、そんな科学者が多数いて、女性が帝国大学へ入学することに反対する者も多かった時代なのですから。

その一人の丹下《たんげ》ウメは特筆されるべき人と言えるでしょう。幼い頃に事故で竹の箸が右目に刺さり失明するという苦難に遭いましたが学問への情熱を失わず、四十歳になって東北帝国大学化学科に入学したという努力家でした。大学卒業後、アメリカに留学して栄養化学をマスターし、一九二七年にジョンズ・ホプキンズ大学からＰｈＤ

（博士号）を授与されたのは、なんと彼女が五十四歳の時なのです。帰国後はビタミンB1の発見者として名高い理化学研究所の鈴木梅太郎の下で研究を続け、ビタミンB2複合体の研究で東京帝国大学から日本人女性として二人目の農学博士の学位を得たのは六七歳でした。彼女の学問への執念には頭が下がる思いです。出身の鹿児島市の山形屋本店横には彼女の銅像が建てられています。

なお、緑茶のカテキンの発見で女性農学博士第一号を授与されたのは辻村みちよで、一九三二年彼女が四十四歳の時でした。北海道帝国大学で無給の副手を務めた後、鈴木梅太郎の研究室に所属していました。

もう一人同じ化学科に入学した黒田チカは、母校である東京女子師範学校（現お茶の水女子大学）に勤めた後、二十九歳で東北帝国大学に入学しました。卒業後は文部省外国留学生としてイギリスで二年間留学し、理化学研究所の真島利行研究室で有機化学の研究を続けました。その過程で紫根（ムラサキツユクサの根）から紫色の色素を、紅花（ベニバナ）から赤の色素を抽出して結晶化し、分子構造を決定するという素晴らしい業績を挙げたのです。紫根や紅花という日本に根差した化学の研究で世界をリードした稀有な女性研究者と言えるでしょう。一九二九年の四十五歳の時に、「天然色素の化学的研究」で女性理学博士第二号を授与されました。タマネギに含まれるケルセチンに血圧降下作用があることを発見して特許を取ったのですが、その発見物語がNHKの子ども向けドラマ「タマネギおばさん」として放映され、若き日の市原悦子が黒田の役を演じたそうです。

なお、女性の理学博士の第一号は保井《やすい》コノで、二年間アメリカへ留学してから母校の東京女子高等師範学校の教授になり、「日本産石炭の構造の研究」で一九二七年、四十七歳の時に学位が授与されています。

以上のような先駆者がいたからこそ女性科学者が学界に進出することが出来るようになったのです。しかし、まだまだ理系の女性研究者が少ない日本ですから、先人たちの努力を思い返す日として「女子大生の日」はなくせませんね。

（二〇二〇年一月十五日375号）

67

「不気味の谷」は乗り越えられるのか

人間型ロボット（ヒューマノイド）が家事や介護の手伝いのため、あるいは癒やしの仲間として使うために盛んに開発されています。その研究の甲斐あって、ぎこちない動きがどんどんスムーズになり、複雑な動作もこなすようになって、すごく進歩したものだと感心させられます。そのため、ロボットが生活に入り込む日が近いような気になるのですが、実は次のステップに大きな難問のあることが知られています。「不気味の谷」と呼ばれる心理的ギャップで、受け入れる人間の側の問題があるのです。

私たちは、ロボットの表情や動作がまだ幼稚であり、むしろ危うげである段階では親しみを感じてそのまま受け入れる気になります。私たちがある種の優越感を持って、「かわいいね」なんて見下せるからです。しかし、ある一定以上人間に近づくと、これを嫌がり拒否するようになることが知られています。これが「不気味の谷」と呼ばれる現象で、人工物に対する人間の微妙な感情の変化を表わしていると言えそうです。蝋人形であっても、あまり本人に似すぎていると逆に嫌われるのと同じ心理です。

なぜ私たちは「不気味の谷」を感じるのでしょうか。おそらく私たちには、ロボットは人間の手で作られ、人間に操作される存在なのだから、人間より卓越してはならないという感性が意識下にあるのだと思われます。だから、人間以上の容貌や知的能力を持つロボットを見れば、「たかがロボットのくせに」と思って嫉妬心が起こり、無視したくなるのです。そんなロボットに出くわすと空恐ろしく思い、嫌悪感を持ってしまうのでしょう。要するに、ロボットより人間の方が上であると思っていて、潜在的に抱いている自尊心が傷つけられるのです。

では、やがて来るロボット時代において、不気味の谷を感じつつもロボットの便利さを享受するためには、どのようなタイプのヒューマノイドであれば人々に受け入れられるのでしょうか。

一つは「鉄腕アトム型」で、鉄腕アトムはすごく人間的でありながら不気味の谷を感じさせることなく、誰からも好かれる存在ですね。その理由は「ネオテニー(幼形成熟)」のためと思われます。容貌が幼い上に、問題が起こるといつもお茶の水博士に相談する頼りなさがあります。このように顔付きが子どもっぽいだけでなく、判断や行動においても未成熟のため、アトムがいくら優れた能力を持っていても、私たちはコンプレックスを感じないで済むというわけです。

もう一つは「早乙女主水型」で、剣の達人である早乙女主水之介の額に傷があって、若い頃は無頼な人間であったことがわかります。素晴らしいヒューマノイドであっても負の過去を背負っていることがわかれば、私たちもホッとするのではないでしょうか。火付け盗賊改めの厳《いかめ》めしい鬼平も、若い頃は無頼漢であったことが何か安心感につながっていると思いませんか？ これと心理的に共通しているのは、ETの物語に登場する地球外の人類を、おしなべて私たちの眼から見て劣った容貌にしていることです。もしかれらがすべて地球人を超える美男美女であれば、地球人は嫉妬して排除しかねないでしょうから、これも広い意味での早乙女主水之介型ということになると思われます。

と考えてみると、この二つのタイプは私たちの自尊心を傷つけないという点で共通しているのです。ＡＩ（人工知能）が発達して私たちの仕事を奪いかねないと言われていますが、ヒューマノイドは前述の二つのタイプのいずれかになるのでは、と思っています。そうであれば何とか人々はヒューマノイドと共生する気になるでしょう。容貌も知的能力も明らかに私たちより完璧に勝っていれば、人間の側は受け入れを拒否してしまうか、完全に屈服してヒューマノイドの奴隷になってしまうか、となるのではないでしょうか。

「不気味の谷」の存在は、科学・技術も人間の心理と折り合いをつけながら開発すべきことを物語っています。効率一辺倒に機械化した社会は人間を活かすことにならないのです。

（二〇一七年六月十五日３１３号）

68

日本の科学に未来はあるか

資源の乏しい日本で「科学技術創造立国」がキャッチフレーズとなったのは、科学技術基本法が制定された一九九五年頃だったでしょうか。その司令塔は内閣総理大臣が議長を務める総合科学技術会議（二〇一四年から総合科学技術イノベーション会議〈CSTI〉となった）で、一九九六年より五年ごとに「科学技術基本計画」を発表して科学技術政策を決定してきました。

第六期の科学技術基本計画は二〇一六年一月に決定されたのですが、そこに、「世界における我が国の科学技術の立ち位置は全体として劣後してきている」と極めて厳しい評価をしています。日本の弱点を曝《さら》すような事実なのですが、現実をそう認めざるを得ない状況に追い込まれているのです。

研究面から見てみましょう。研究者にとっては、同分野の多くの研究者に注目される重要論文を書くことが最大の目標で、それによって他の研究者の論文に数多く引用され評価が高まることになります。ところが、そのように引用される数の多い論文のシェアの国際比較では日本のランクは下がる一方なのです。例えば、被引用度の高い論文のトップ10%の国別シェアを見ると、一九九〇年頃の日本はアメリカ、イギリスに続いて世界三位であったのが、二〇〇〇年頃にはドイツに抜かれ、二〇〇七年には中国、フランスにも抜かれ、二〇一七年にはさらにカナダ、イタリア、オーストラリア、スペインにも抜かれて十位に転落してしまいました（二〇一七年版「科学技術白書」）。つまり、世界における質の高い論文生産への日本の貢献が年々低下し続けているのです。

それを直視すれば、総合科学技術会議が牛耳ってきた日本の科学技術政策のどこかが間違っていると考え反省すべきなのですが、総合科学技術会議はその責任を大学に押しつけ、「科学技術イノベーションの主要な実行主体である大学等の経営・人事システムをはじめとする組織改革の遅れ」に問題があるとして、いっそうの大学改革を進めることが特に重要と結論づけています。

しかし私は、本来的にこれまでの科学技術基本計画で掲げられてきた政策が間違っており、反省すべきなのは総合科学技術会議であると思っています。一番の問題は、総合科学技術会議が採用した「選択と集中」政策で、いくつか選択した分野（ＩＴ、バイオ、新素材、エネルギー）には研究開発費を集中的に供出し、それ以外の分野には薄い手当てしかしないというものです。

また、国立大学の教員の経常的研究費を一律に配るのはバラマキだとして削減し、公募して競争によって採択された研究者のみが獲得する資金に頼らざるを得ない状況へと追い込んできました。このいわゆる「競争的資金」は期限付きであり、たとえ獲得できても限られた期間に成果を上げねばなりません。すると論文が書きやすいテーマに流れ、論文の質は必然的に落ちていくことは否定できないでしょう。それのみでなく競争的資金の競争率は高く、数多く応募しなければならないため、教員は書類書きに追われて研究時間を削らざるをえないのです。

さらに、市民に開かれた大学とか特色ある大学のカラーを打ち出すとかで、教員はさまざまな全学活動や学生向けの行事に協力し、地域貢献などにも関わらねばならず、そのためにも研究時間を削らなくてはなりません。じっくり研究に取り組む時間的余裕を失っているのです。また若手研究者の多くは期限付きポストばかりとなって身分不安定であり、やはり腰を据えて研究に打ち込む状況にはありません。

つまり成すべきことは、経常研究費と研究に熱中できる時間を保証する体制を整えることなのです。実際、国立大学の法人化が行われる（二〇〇四年）までは曲がりなりにもそのような状態が満たされていて成果が上がり、それが二〇〇〇年代のノーベル賞のラッシュになったのです。しかし、今のまま推移すると、早晩日本の科学の基層力は干上がってしまい、ノーベル賞は夢のまた夢となるでしょう。日本の科学は今大いなる危機の状態にあるのです。

（二〇一七年十一月十五日３２３号）

69

オスプレイ＝未亡人製造飛行機のわけ

「オスプレイ」とはミサゴ属の猛禽類で魚食性のタカの名称です。空中をゆっくり旋回しつつ、水面近くに魚を見つけると急降下し、ダイビングして獲物を仕留めるという特殊能力を持っています。これに因んで、ヘリコプターのように垂直に離着陸してホバーリング（空中停止）したり、超低空で地形に沿ったジグザグ飛行して敵地を偵察したりするとともに、通常の航空機のように高速度で飛翔できる戦闘機に「オスプレイ」という名をつけたのだろうと考えられます。異なった二種のタイプの飛行体が一つの機体で実現できるので「ドリームマシーン」と呼ばれ、四十年の歳月を費やして開発したそうです。

オスプレイの売りは、ヘリコプターモードで垂直離着陸・空中停止・後退飛行が可能であり、航空機モードで最高時速が500キロ以上で飛ぶことができ、航続距離3000キロ以上の飛行が可能であるだけでなく、空中給油によって原理的にはいくらでも航続距離が延ばせるという点でしょう。海兵隊では敵地を急襲して兵員や資材を送り込む作戦に使い、空軍では戦闘・捜索・救難・兵站支援・特殊作戦などのために配備しています。とはいえ、よく知られているように事故が多発しており、事故の多さから「空飛ぶ恥」とか、「ウィドウメーカー（未亡人製造飛行機）」と揶揄されてきました。

なぜ事故が多いかは、その構造と飛行体の浮上の原理を考えてみれば簡単にわかります。単純に言えば、この航空機ではプロペラ回転翼の角度が変えられるようになっていて、それを自在に（？）変えることによって、効率的に飛行モードを変えられる仕組みとなっているのです。ヘリコプターモードでは地面と平行にプロペラを回転させて浮上させるのに対し、航空機モードでは地面と直角にプロペラを回転させて浮上し高速飛行するのです。二つのモードに応じてプロペラの回転軸の方向を九十度変えており、そのため二つのモード転換を行うとき無理が生じることは簡単に想像できるでしょう。

例えば、ヘリコプターモードから通常の航空機モードへ切り換えるとき、いったんプロペラの回転を止めて、回転軸を地面に垂直方向から水平方向に九十度変えなければなりません。ところが、ヘリコプターモードでプロペラが回転しないと機体は浮き上がりませんから、素早く回転軸の方向転換ができなければ落下せざるを得ないのは明らかです。つまり、モード転換のときに少しでも手間取ると地上に激突する事故を引き起こしてしまうのです。

逆に、通常の航空機モードからヘリコプターモードに切り替えようとプロペラを止めた場合、急減速するので急降下が伴うということになります。そのとき機体から渦輪が生じて下降気流が発生するため、さらに機体を降下させる力が働いて落下してしまうという、航空流体力学上の問題が生じることがシミュレーションで明らかにされました。実際に、これに起因する事故も報告されているそうです。これまでの航空機ではなかったプロペラの回転軸変化の仕組みですから、新たな思いがけない難題が生じるのです。

空中給油の場合、通常では給油機と航空機が長い給油ホースでつながり、給油中ずっと同じ高度を同じ速度で飛行し続けるという離れ業を敢行しなければなりません。オスプレイだと大きなプロペラが回転しているので空気の流れが速く、かつ大きく変化しますから、少しでも二機の方向が狂えば給油ホースがプロペラや翼に引っかかって墜落してしまうということになりかねません。防衛大臣が「不時着」と強弁した、沖縄におけるオスプレイの「落下事故」は、給油時に発生したようです。

これらはいわば構造的欠陥で、まだまだ多く研究すべき余地があることを示しています。ところが、事故が起こると操縦士のミスとされて放置されたままなのです。

今、全国の空をオスプレイが我が物顔で飛行するようになりましたが、早急に撤退させねば、必ず重大事故が引き起こされるのではないかと心配です。

（二〇一七年五月十五日３１１号）

5章

月と宇宙と地球の未来

70

緑のオーロラは生命の証

私はまだ直接見たことはないのですが、映画の大スクリーンで、赤や緑やピンクのカーテンが揺れながら、現れては消え、現れては消えするオーロラの光景を見て感動しました。漆黒の闇に突如鮮やかな色の帯が空を彩り、華やかに変化する姿を、実際に一度は見たいと思っていますが、叶わぬ夢となりそうです。オーロラは、幻想を誘う美しい情景を演出してくれるとともに、地球に生きる私たちに深い示唆を与えてくれていることを忘れないでいたいものです。その示唆とは何でしょうか。

地球は宇宙に浮かぶ一つの星ですから、宇宙空間からさまざまな影響を受けています。その第一は、地球に一番近い恒星である太陽から光と熱を受けていることです。

それによって地球上の生きとし生けるものすべての命が育まれていることは言うまでもありません。実は、それ以外に太陽からエネルギーの高い粒子――これを「太陽宇宙線」と呼んでいます――が地球に降り注いでいます。特に、太陽表面でフレアーと呼ぶ爆発が起こった場合には、この宇宙線の強度が強くなり、二、三日後に地球に到達して、通信電波障害などを引き起こします。そのため、太陽表面を常に監視していて、大きなフレアが起こると電波通信に雑音が入ったり、時には通信が途絶したりするのを予測して知らせる、「宇宙天気予報」が発せられています。

この宇宙線が直接人体に当たると、放射線を浴びるのと同じで、遺伝子破壊が起こってがんを誘発する可能性があります。私たちはそもそも過酷な宇宙環境の中で生きている存在なのです。といっても、地球は巨大な棒磁石のようになっていて、N極とS極を結んでいる磁場が宇宙線を捕まえたり跳ね返したりし、地上にまで到達するのをブロックしてくれています。そして、磁場に捕まった粒子が北極や南極の方に移動する際、空気中の酸素分子や窒素分子とぶつかってそれらを励起《れいき》し、その後元の状態に戻るときに放つ光によってオーロラが輝いているというわけです。北極や南極に近い地域でオーロラがよく見えるのは、地球の磁場に絞られて宇宙線が極方向に多く集まってくるためです。目には見えませんが、磁場があるからこそ、私たちは生命を維持できていると言えるでしょう。ジェット飛行機で上空10キロメートルもの高さを飛ぶと宇宙線が強くなるのは、磁場が弱くなっていてあまり宇宙線を遮ってくれないからです。このことを思うと、オーロラは目に見えない磁場が地球上の生命を守っている証だとわかります。

オーロラの緑の色は大気中の酸素分子が放っています。酸素分子は植物の光合成で作られたものですから、緑のオーロラは植物という生命がなければ起こりません。だから、大気がほとんどない火星にはオーロラは生じず、磁場と大気がある木星や土星ではオーロラが起こるのですが、窒素分子の発する赤と水素が発するピンク色だけだそうです。また木星では、その衛星であるイオからの高速粒子が多量に飛び込んできて激しくぶつかり合うので、地球のオーロラの千倍も明るいX線オーロラが発生していることが観測されています。いずれにせよ、オーロラが繰り広げる緑のカーテンこそ、生命が溢れる地球でのみ見られるというわけです。

藤原定家の日記『明月記』には、元久元年一月十九日（西暦一二〇四年二月二十一日）に、「午後八時頃、北東及び北の方角が赤くなった。赤い色の根元は月が出たようで白く明るい。その光の筋が大きく伸び、遠くの火事のようである。白い色は四、五ヵ所、赤い筋は三、四筋見える。雲でなく星座でもない。光は陰ることなく、白光・赤光が交じり合っている」と、さすがに詳しく観察しています。「奇にしてなお奇なるべし。恐るべし、恐るべし」と結んでいますが、よほど印象に残って恐ろしく感じたのでしょう。二日後の二十三日にも見えたと記しています。京都でオーロラを見た珍しい記録で、太陽活動が非常に活発になって宇宙線が多量に降り注いだため、京都のような低い緯度であっても見えたのでしょう。何ともうらやましいことです。

（二〇二二年六月十五日433号）

71

貝殻の縞模様が語る地球の歴史

地球や惑星が太陽の周りを回る公転運動とか、月が地球の周りを回る運動は規則的で、精密機械のように正確で変化しないと長い間考えられてきました。確かに、人間の寿命である百年くらいの期間では変化しているように思えません。しかし、それに疑いを持ったのが彗星の回帰を発見したハレーで、もし月や地球の運動が完全に機械的であれば、日食は規則的に起こるはずなのに、過去の記録と比較すると規則性からの食い違いが大きくなっていることを指摘したのです。

それが契機になって、地球や月の過去の運動を詳しく調べるようになった結果、長い年月で見ると地球や月の運動は大きく変化してきたことがわかってきました。今では、約四億年前の地球が自転する速さは現在より10%も速かったため一日は二十二時間足らずで、一年は約四百日であったと考えられています。なぜ、そんなことがわかったのでしょうか。そして、なぜ、昔の地球が自転する速さが速かったのでしょうか。

樹木の年輪は、夏は温度が高いため木質部の成長が速いので太くて粗くなり、冬は寒冷なために成長が遅いので狭くて緻密になる、ということが一年ごとに繰り返される結果、交互に両者が輪状に並び、その数から樹木の年齢を知ることができます。魚類の鱗や獣の歯などにも同様な年輪があることが知られています。環境変化が生物の成育に影響を及ぼし、時間の歩みを生物の縞模様として刻印していると言えるでしょう。その考え方で生物の縞模様を詳しく解析すれば、また別の時間の歩みを読み解くことができるのです。

そこで目をつけたのが貝殻の模様です。貝殻の輪郭と平行にたくさんの縞模様を見ることができる貝があります。その縞模様がどのようにしてできたのかを調べるために、ある研究者が実際に二枚貝を飼育して調べました。この貝は満潮時には水面下に没し、干潮になると干上がるような環境（これを潮間帯と言います）に生息しています。よく観察すると、満潮で水面下になったときには餌にありついて成長し、干潮のときは餌がなく成長がストップするので、その成長変化が縞模様として残ることがわかりました。樹木の年輪と似て、貝殻の縞模様は満潮と干潮の記録（これを潮汐《ちょうせき》リズムといいます）なのです。

潮汐は主に月の引力（太陽も加勢する）によるもので、一日二回満潮と干潮があります。また、月（と太陽）の位置関係から大潮と小潮があり、十四日周期や二十八日周期があります。さらに、貝が生息している地球の場所や海岸線の形状によって満潮・干潮の水位が異なっており、それらは一ヶ月単位での縞模様の濃淡変化となって残っています。さらに、餌の多い夏と餌の少ない冬では、同じ満潮時でも餌の量に大きな差があるので縞模様の太さが異なってきますから、一年という時間も測れます。こうして潮汐の記録を詳細に解析すれば、一日、一月、一年の長さが推定できるのです。

そこで、昔の化石として保存されているサンゴや二枚貝の縞模様を調べると四億年前まで遡ることができ、その頃の一年は約四百日だったということがわかってきたのです。このことは、昔の地球の自転が速くて一日が二十二時間くらいであったことを意味します。これも月が地球におよぼす潮汐の力のためなのです。というのは、潮汐力は、地球の月を向く方向とその反対方向を膨らませ、それに直角方向では凹ませるように働きますが、この力によって海水が大きく動かされて満潮（膨らむ部分）と干潮（凹む部分）となるのです。海水が動くと海底との間で摩擦が起こるので地球の自転運動にブレーキがかかることになります。こうして地球の自転がゆっくりと遅くなっているのです。その反動で月は一年に数センチですが地球から遠ざかっており、月が地球の周りを回る速さは遅くなっています。

貝殻の縞模様は美しいだけでなく、地球の長い歴史も語ってくれるのです。こうして貝殻から地球や月の過去が読み取れるのは素晴らしいことではないでしょうか。

（二〇一七年九月十五日３１９号）

72

宇宙人が地球にやってこないわけ

この宇宙には多数の宇宙人が存在しているように思われるのに、なぜ地球にやってこないのだろう？　という矛盾が長い間議論されてきました。これをフェルミ・パラドックスと言います。最初に言い出したのが、著名なイタリア出身の物理学者であるエンリコ・フェルミであったためです。

この矛盾に対するもっとも一般的な答えは、宇宙は大きすぎるのでとても宇宙人は地球にたどりつけないというものですが、実際にどれほど宇宙人がいて、互いにどれくらい離れているかを知らねばなりません。そのことを簡単に調べてみましょう。

銀河系に存在する宇宙人の数は、ドレイクの式として知られる複雑な式がありますが、ここでは誰もが計算できる簡略版を紹介します。

天の川（銀河系）のなかには太陽のような恒星がおよそ一千億個もあり、そのうち周囲に惑星を持っている恒星の数は十分の一の百億個はあると考えられています。というのは、恒星のほとんどは二つが連なった二重星になっているのですが、十分の一くらいが恒星と惑星の組み合わせとなっているためです。

問題は、恒星の周りを回る惑星があっても、恒星からの距離が近すぎると温度が高くて干上がってしまい、遠すぎると温度が低くて凍りついてしまうことです。いずれも生命が生まれそうにありません。生命が宿るには恒星からの距離がちょうど良い所でなければならず、それは生命を育む水が液体で存在できる場所で「ハビタブル（住むのに適した）ゾーン」と呼ばれています。太陽系ではそれが地球の位置になり、より太陽に近い金星にも、より遠い火星にも生命は存在していません。太陽系には水金地火木土天海と八つの惑星がありますが、そのうち地球だけに生命が誕生したのです。

そこで、惑星を持つ恒星のさらに十分の一くらいが地球のような生命を宿す惑星を持つと考えましょう。そうすると天の川のなかには約十億個もの地球と同じようなハビタブルな惑星があることになります。すごく多いと思いませんか？　生命が誕生しうる地球のような惑星はありふれているのです。

地球は生まれてから四十六億年経っており、最初の生命の痕跡は約三十八億年前までたどれるそうです。地球上の生命はかなり早い段階で生まれたことがわかりますね。ところが、その原生的な生物から人類にいたるまでの生物の進化にはずいぶん長い時間がかかっています。何しろサルから二本足で歩行する猿人になったのはたった六百万年前ですから。ましてや人類が近代文明を持ったのは産業革命以後で、まだ二百年そこそこしか経っていません。

地球の歴史に当て嵌《は》めると、誕生以来生命が継続してきた三十八億年のうち二百年間、つまり、約二千万分の一の時間しか近代文明を持っていないことになります。十億個もの地球のような惑星にも、その割合でしか近代文明が期待できないと考えてよいでしょう。つまり、近代文明を持つ宇宙人がいる可能性のある、地球のような惑星の数は十億個に二千万分の一をかけた数、五十個になります。天の川の五十もの惑星に近代的な宇宙人がいるのですから、かなり多くいるという印象ですね。

しかし、ランダムに散らばっているとするとそれらの星の平均間隔は六千光年にもなります。光の速さで動いても六千年かかり、今、人類が作り出した最速のロケットは秒速三十キロメートルで、光の速さの一万分の一に過ぎませんから、六千万年もかかることになります。とても宇宙人が地球にやって来られないのです。

でも、たまたま私たちから五光年くらいのところに、光の速さの半分で飛べるロケットを発明した、人類よりずっと高度な文明を持つ宇宙人がいるとしましょう。この宇宙人なら十年で地球に到達できますから、やってくる可能性があります。

では宇宙戦争が勃発するのでしょうか？

私はそうは思いません。光の速さの半分で飛ぶロケットを発明できるほどの宇宙人なら、私たちより遥かに高度に進んでいますから、彼らにはとっくの昔に「戦争」は死語になっているに違いありません。彼らが地球に近づいて、今なお戦争を続けている地球人を見ると、「こんな原始的な星に用はない」として瞬時に飛び去ってしまうでしょう。これが、宇宙人が来ていないもう一つの理由なのです。

（二〇一七年一月十五日３０３号）

73

宇宙空間が四次元であれば

私たちは、縦・横・高さの空間三次元に、一方向に流れる時間の一次元を加えた四次元の時空間に生きています。

しかし、空間は本当に三次元なのだろうか、もう一つの次元が隠れているのではないか、もし空間が四次元ならばどんなことが考えられるだろうか、そんな思いを持ったことはありませんか？

素焼きの植木鉢を考えてみましょう。その表面を歩くアリにとっては、植木鉢の表面はツルツルの（滑らかな）二次元の塀のように感じることでしょう。アリの眼には（むろん人間にとっても）素焼きの鉢は湾曲した壁としか見えないのです。

しかし、もっともっと小さなウイルスから見れば（ウイルスに目はありませんが）、素焼きの植木鉢の表面にはもう一つの空間次元として穴ぼこが見え、ウイルスはそこをスイスイと自由に通過できるのです。鉢に水を溜めると、水がゆっくり染み出てくるのも同じ理由です。ウイルスや水分子のような、素焼きの鉢の表面に明いている小さな穴ぼこよりも、さらに極微の物体から見ると、壁に明いている空間の次元が見え、通り抜けられるというわけです。

これと同じで、私たちが住む空間をクローズアップして見れば、第四の次元があるのかもしれません。そんなことを考えている科学者がいます。たとえば、東京と大阪は通常の空間次元では５００キロメートル以上も離れていますが、この第四の次元を通るとたった1メートルで結びついている可能性があるのです。すると、近道をしてそこを通り抜ければ短時間で移動できるでしょう。そのため、第四の次元を知らない人から見ると、光以上の速さで瞬間移動したと思うかもしれません。

実際には、そのようなことは原子レベルでも観測されていないので、第四の次元が存在したとしても、原子よりももっともっと小さなサイズでしか実現していないことがわかっています。だから、人間が（ウイルスでも）移動することはできませんが、光信号をやりとりすることは可能です。といっても、そのサイズと同じか、それ以下の波長の光しか通過できません。だから、とても短波長の（エネルギーが高い）光なので、今のところ実験で確かめることはできません。しかし、微視的世界で光の運動を詳細に調べることによって、第四の次元が見つかってもおかしくないというのです。

少し話が違うのですが、私は「第四の次元」という推理小説のプロットを考えたことがあります。ある人間が、ニューヨークから東京にやって来て殺人を犯し、ただちに東京からニューヨークに舞い戻ったと、確かに推定されるのに、飛行機の搭乗記録や空港での入出国記録が一切ありません。さて、この犯人（と思われる人間）はどのようにしてニューヨークと東京の間を往復したのか？　というミステリーです。考えられることは、この人間だけが知っていて通ることができる第四の次元があって、そこを往復したとすることとです。

むろん、空間が四次元で、そこを近道したとするわけにはいきません。そんな人間が行き来できる新たな空間の次元は存在しないのは明らかですから。しかし、それと同等な第四の次元は存在し得るのです。米軍基地を利用するという方法です。アメリカの軍事基地から日本の横田の米軍基地に秘かに来て東京で殺人を犯し、そのまま横田基地からアメリカの軍事基地に戻れば、何の記録も残さずに往復できることになります。ひょっとしたら、実際にこのルートで秘密の犯罪が行われているかもしれませんね。

横道に逸れました。もし第四の次元が本当にあって通信に使うことができれば、どんなことができるでしょうか。もはやこれ以上便利になるのはゴメンだと思われる人も多いことでしょう。私もそうで、カミさんに携帯電話を持たされて、いつも不携帯で叱られているのですから、通信がさらに便利になることは歓迎したくありません。しかし一ついいことがあります。遠くの星々に住む宇宙人と交信できるようになるのです。何百光年遠くであっても、第四の次元を使えば短い時間で対話できるのですから、こんなに素晴らしいことはないのでは、と思っています。

（二〇一八年十月十五日３４５号）

74

夜空はなぜ暗い？

「地球の上に朝がくる、その裏側は夜だろう」という川田晴久の歌を覚えておられる方は、もう少数派でしょう。地球上の、太陽と向かい合う方向では日光を直接浴びる昼間なので明るく、その反対側では太陽からの光が遮られる夜になるので空は暗くなる、というのは当たり前で何の不思議があるのかとお思いでしょう。しかし、無限に広い宇宙には無数の星が輝いており、存在するすべての星からの光を重ね合わせれば、夜空は明るくなるはずなのです。

理屈の上では夜空は明るいはずなのに実際は暗い、この言説はどこかに論理的な間違いがあるというので「パラドックス」と呼ばれます。パラ＝反対、ドクサ＝定説ですから、「逆説」とか「背理」と言われています。古くから有名なパラドックスに「アキレスと亀」がありますね。「足の速いアキレスといえど、前を走る足がのろい亀を追い抜けない」というもので、そんな筈はないと思っても説得されてしまいます。

夜空のパラドックスについては十七世紀のケプラーや十八世紀のハレーも気づいていたのですが、初めて公的に述べたのが十九世紀ドイツの天文学者のオルバースであったため、今では「オルバースのパラドックス」と呼ばれています。長い間宇宙の謎とされてきたのですが、二十世紀の半ばになってやっと解答が得られた難問でした。

この宇宙が十分に大きく、どこにも星が同じ空間密度で一様に散らばっているとしましょう。それぞれの星からやってくる光の明るさは距離の二乗に反比例して暗くなります。星から出た光の先端部は、広がって距離の二乗に比例して表面積が大きくなり、明るさはそれに反比例するためです。

他方、決まった視野の中に見える星の数は、星の空間密度が一様だとすると、私たちが見る視野の面積の大きさに比例するでしょう。決まった視野の面積の大きさは距離の二乗に比例しますから、星の数も距離の二乗に比例して増加することになります。星の明るさ（距離の二乗に反比例）に星の数（距離の二乗に比例）をかけると、距離は打ち消し合い、宇宙のどこからも同じ量の光がやってくることになるのです。もし宇宙が無限に大きい（距離が無限）なら、その明るさを足し合わせると明るさも無限になり、夜空は煌々《こうこう》と輝いているということにならざるを得なくなるのです。

ケプラーは宇宙の大きさは有限でそこに暗い外壁があり、それより外には星が存在しないとして、この難問を切り抜けようとしました。星と星の間の暗闇は、有限の宇宙を取り囲む暗い外壁のためと考えたのです。しかし、宇宙に暗い壁があるとすることに何の根拠もありませんから、この説は信用されませんでした。

問題を提起したオルバース自身は、宇宙は無限に大きいけれど、星と星の間の空間にはガスやチリが分布しており、それが彼方の星の光を吸収して暗くしてしまうと、考えました。ところが、ガスやチリは光を吸収するうちに少しずつ温度が上がり、やがて星と同じように光を放って輝くようになりますから、この解決策も成り立ちません。

結局、たとえ宇宙が無限であっても、宇宙が誕生してからまだ有限の時間しか経っていないことが解決の鍵となりました。光は有限の速さでしか伝わりませんから、誕生以来の宇宙の時間に光速をかけた領域内からの光しか地球に到達できません。その距離は有限で、そこにある星の総数も有限になるため、全部を足し合わせても夜空は明るくならないのです。言い換えれば、夜空が暗いのは宇宙が有限の過去にビッグバンで始まった直接の証拠なのです。

実は、アメリカの作家エドガー・アラン・ポーが、一八四八年に散文詩「ユリイカ」において、「星が果てしなく並んでいたら空の背景は天の川のように一様に明るく見えるだろう。この状況の下で天の空虚を理解するとすれば、そこからまだ光が届いていないのだと想定するしかない」と述べています。まさに「エウレカ（私は見つけた）」の語源通り、詩人の直感は恐るべきものだと感心するばかりです。

（二〇一七年四月十五日３０９号）

75

番頭さんの無限宇宙論

日本には昔から天文ファンが多く、月の姿や星空、彗星や天の川について謡った歌が多くあります。このように宇宙はロマンや憧れの対象であったのですが、なかなか学問の対象ではありませんでした。役職としての天文方がおかれるようになった江戸時代でさえ、暦を作るための星空の観測に終始しており、地球が宇宙の中心にあって動かず、月や太陽そして五個の星（水星、金星、火星、木星、土星）は地球の周りを回る、という朱子学の五行説が立脚する天動説宇宙が長い間当然とされていました。目に見える宇宙の姿そのままを信じていたのです。

ところが、十八世紀の終わりから十九世紀の初めにかけて、天文学にはまったく素人であるにもかかわらず、宇宙空間には無数の恒星が点々と分布しており、各恒星の周辺の惑星には人間（宇宙人）が住んでいる、そんな近代的な宇宙論を唱えた人物が出現しました。山片蟠桃《やまがたばんとう》という、大阪の「升屋」という大店の番頭さんで、大名への金貸し業で辣腕を振るう一方、地動説や万有引力について勉強し、世界に伍する優れた宇宙論を展開したのです。そのことを知って何だか嬉しくなり、日本人の想像力（創造力）も満更捨てたものではないと思っています。

むろん、山片蟠桃が突然現れたわけではなく、八代将軍吉宗によって行われた享保の改革で蘭学が解禁されて西洋の文物が流入し、続く田沼意次も商業資本の自由化政策を採ったことから学問の自由も比較的保証された、という時代の背景がありました。学問の発展には自由と文化の交流がなければならないことがわかりますね。

その頃、本木良永というオランダ語の通詞（通訳のこと）が地動説の文献を翻訳し（一七九二年）、同じオランダ語通詞であった志筑忠雄がニュートン力学の文献を翻訳した（一八〇二年）という前史があります。いずれの翻訳書も現代のような印刷出版ではなく、数少ない原本を書き写した写本が回し読みされるというもので、手にすることさえ困難な時代でした。

そのような状況で、まず地動説に魅せられて地球図や天球図を銅版画で出版し、その解説本を出して地動説を宣伝したのが司馬江漢《しばこうかん》という人物です。彼は、浮世絵や大和絵とともに西洋画を本格的に描き、日本で最初に銅版画（エッチング）を制作した著名な絵師なのですが、西洋の天文学に凝って地動説を唱導したのです。さらに太陽系宇宙から星が点々と散らばる宇宙の姿を夢想しており、無限宇宙論の入り口に立っていました（司馬江漢のおかしくも痛快な人生についてまとめた『司馬江漢─「江戸のダ・ヴィンチ」の型破り人生』（集英社新書）として出版しました）。

司馬江漢とほぼ同じ頃、山片蟠桃も地動説に魅せられた人間の一人でした。『夢の代』という彼の哲学・思想・科学・経済に関する所論をまとめた著作（一八二二年刊）があり、その最初に「天文編」をもうけて彼独自の宇宙論を展開しています。彼は、恒星はいくつもの惑星を従えて宇宙に点々と散らばっているという江漢の宇宙論をさらに一歩進め、その惑星には生命体が生まれており、それが宇宙全体に無数に存在する様子を、あたかも見てきたような図に描いているのです。

西洋では、地動説はコペルニクスが一五四三年に唱え、無数の星が散らばる宇宙像はガリレオが一六〇九年に提唱しています。だから、日本人が地動説や無数の星宇宙を知ったのはヨーロッパから二五〇年も遅れてのことですが、蟠桃はそこから一気に人間が存在する惑星を持つ恒星が無数に存在する宇宙像にまで飛躍し、近代的宇宙論の幕を開けたことになります。もっとも、鎖国の時代なので、世界に知られることはなかったのですが。

山片蟠桃は自らの著作に『夢の代』という題をつけたのは、「昼寝の夢の代わりに、こんなことを考えていた」という意味のようです。せっせと金貸し業に励みながら、時間があれば昼寝や休憩を返上して書斎に籠り、自分の主張をまとめあげたことに感心しています。

先の司馬江漢といい山片蟠桃といい、本業は別でちゃんとした仕事をしながら、宇宙のことに頭を巡らせて議論を展開した人生は豊かなものであったのではないでしょうか。

（二〇一八年三月十五日331号）

76

芭蕉は越後で天の川を見たのか?

天文学的芸術鑑賞法(その1)文学編

天文学に「古天文学」という分野があります。古文書や文学作品、古代の洞窟絵画や著名画家の作品、それらの芸術的製作物に過去の天文現象が採り上げられていると、それは実際に夜空を見上げて描かれたものかどうかを調べる分野です。それによって、その現象が夜空のどの方向で、夜中の何時頃に目撃されたのか、それとも全くのでっち上げなのか、を点検するのです。

むろん、芸術作品ですから現実か虚構か、どちらもあり得るのですが、かなりの作品は現実に目撃した事実から逃れられず、そこに想像を加え、変形して、より印象的な現象として描写している場合が多々あります。それを明らかにして、作家の心境や創作の秘密を探るのは天文学的芸術鑑賞法と言えるかもしれません。ここで取り上げるのは松尾芭蕉の俳句ですが、続いてヴィンセント・ヴァン・ゴッホの「星月夜」を描いたいくつかの絵画についても解説する予定です。

芭蕉が弟子の河合曾良と東北から越後・北陸を回って大垣まで約五ヵ月に及ぶ旅に出て残した紀行文『おくの細道』には、いくつも名句が記されています。なかでも「荒海や　佐渡に横たふ　天河《あまのかわ》」は、近景の荒れる海から、沖合の黒々とした姿の佐渡島、それに対して遥かの天球に横たわっているように見える天の川、という景色が、パノラマのように描き出されている雄大な句として有名です。この句が詠まれたのが、どこであったのか、昔から論争があったそうです。というのは、これまで出版された『おくの細道』の註解書や詞書に、出雲崎だとする文と直江津（当時は新町と呼ばれた）だとする文のいずれもあり、どちらか決しかねていたからです。

この論争に首を突っ込むことになった俳人の荻原井泉水が、一九二五年に実際に芭蕉が訪れたときと同じ旧暦の七月七日に出雲崎に出かけて、天の川が佐渡に横たわっていないことを確かめています。このことによって井泉水は、芭蕉が見たのは客観的実在としての自然現象でなく、主観的媒体としての天の川であったと述べ、芸術的「真実」をそこに見出して感動した、との心情を述べています。さらに、初秋の頃の越後の海は穏やかに凪いでいることが多く、海が荒れていたというのも文章上の芸術的表現であろうとも付け加えています。いかにも俳人らしい解釈です。

しかし、曾良が書いた『奥の細道随行日記』が一九四三年に翻刻されて『おくの細道』の旅路の詳細が明らかになり、新たな事実が判明しました。その一つは、芭蕉一行が出雲崎に着いたのは（旧暦の）七月四日で、アイ風（北東風）が強く、かつ強雨で、それが七日に直江津を経て、十日に高田に着くまで続いたということです。アイ風が吹くのは太平洋岸を台風が通過するときで、これによって越後の海が荒れていたことが明らかになりました。芭蕉は「荒海」を実際に目撃していたのです。他方、四日から十日まで雨続きでしたから、沖合の佐渡はぼんやりと見えても天の川は目にすることができなかったはずです。それでは「佐渡に横たふ天河」のインスピレーションを芭蕉はどこで得たのでしょうか？

ここに来て古天文学の登場です。「星座早見表」という便利な道具があり、元禄二年（一六八九年）七月六日の夜の星座を再現することができます。井泉水は天の川を見た時間を書いていませんが、天球は回転するので佐渡と天の川の位置関係は時間とともに変わっていきますから、時間を指定しなければ位置関係は決まらないのです。調べると、天の川は宵のうち深夜まで佐渡とは無関係で、とても横たわっているようには見えず（井泉水が見た姿です）、午前四時になると天の川は佐渡に接触するのですが、横たわるのではなく「突っ立つ」（直立している）のです。

つまり、芭蕉は雨続きの越後では佐渡と天の川を同時に見ることができなかったのではないかと考えられます。もし、目撃して実景を詠んだなら「荒海や　佐渡に突っ立つ　天河」となったはずで、これでは駄作となったことでしょう。

（二〇二四年十一月十五日４９１号）

77

ゴッホの「星月夜」のテクニック

天文学的芸術鑑賞法（その2）絵画編

天文学的芸術鑑賞法の二回目として、天文現象と絵画作品について述べましょう。絵画の場合、画家がイーゼルを立てて実景と向き合っているので、カンバス上に描かれた星月図は、かなり正確であると考えたくなりますが、実はそうでもないのです。以下に取り上げるのはヴィンセント・ヴァン・ゴッホの作品で、フランスの天文学者であるジャン・ピエール・ルミネの『ゴッホが見た星月夜』（日経ナショナルジオグラフィック）を参考にしました。手元にゴッホの画集があれば、それを広げて見ていただくとよくわかると思います。

ゴッホは三十五歳になった一八八八年に南仏のアルルにやってきました。日の光が満ちる南仏に来て、「向日葵」や「アルルの跳ね橋」のような明るい名作を多く残していますが、夜の光景も多く描いており、フォービズムに通じるような実験的な表現を試みてもいます。ここで注目するのは星がまたたく夜空を描いた作品です。

有名なのが「夜のカフェテラス」で、ガス灯で明るく照らされたカフェの上空の狭い空間の青い夜空に、大きな白い光の塊として星が描かれています。ここに描かれた星はランダムに散らばらせたように見えますが、実は一八八八年九月九日の夜の十時のアルルの夜空の星の配置と見事に一致しているのです。写実主義であったゴッホが描いた最初の夜空は実際に見た星分布をそのまま描いていたのです。

すぐ後の九月十四日に描かれた「ローヌ川の星月夜」では、大きく広がった北斗七星がくっきり描かれています。この絵は、ローヌ川の向こう岸の土手のガス灯のきらめきが川面に反射しており、こちら側の影となっている土手を男女二人が散策し、上空には私たちがよく知っている北斗七星がまたたいている有名な絵で、私の好きな一枚です。

写実主義であったゴッホですから、見た通りの夜空が描かれていると思ってしまうのですが、天文学者が見ると異なるのです。描かれた教会の鐘楼や市庁舎の塔の位置から、地上の光景はアルルの南西の方向を見たことがわかったのですが、実は北斗七星はこの方向には見えるはずがないのです。ここに描かれたような形で北斗七星がくっきり見えるのは、アルルの北北西の方向を見たときなのです。つまり、ゴッホは本来北斗七星が見えないはずの南西の空に、北北西の方向から北斗七星をぐるりと移動させているのです。なぜ、そんなことをしたのかと言えば、川面に映った地上のガス灯の反射光が、あたかも星の輝きのためであろうと錯覚させるためで、そのため七つの星の位置間隔を少し調節しています。このような工夫をして、ローヌ川と北斗七星が結びつくようにしているのです。

その後、ゴーギャンとの共同生活が失敗し、ゴッホは精神錯乱を起こすようになって、一八八九年五月から約一年間サンレミの療養院で治療を受けることになりました。その間に多くの絵を残しているのですが、サンレミの病室から見た糸杉と三日月と金星と水星を描いた夜の光景が印象的です。一八九〇年四月二〇日は金星と水星と三日月が夜空に一望できる最適な夜でありました。ゴッホがそれを目撃して描いたのが「糸杉と星の見える道」です。

左側の地平線下に日の出前の太陽があるとして、真ん中に立つ糸杉が対称軸になって、糸杉の右側に三日月、左側に金星と水星が描かれています。実にバランスのよい配置になっていますが、三日月が右から照らされた姿になっているのです。そこで、天文学者がコンピューターで調べた結果、右の地平線下に日の入り後の太陽があって、糸杉の右側に三日月と金星と水星のいずれもが位置すべきなのです。ところが、それではバランスが悪いので、ゴッホは三日月はそのままにして糸杉に対し左右を入れ替え、金星と水星と太陽の位置を左に持ってきたのです。

以上のように、ゴッホは画面上で夜空の操作を加えているのですが、それが芸術家の秘密の仕掛けなのかもしれませんね。

（二〇二四年十二月十五日４９３号）

78

エオルスの竪琴と「もんじゅ」の事故

ギリシャの詩人ホメロスが書いた「オデュッセイア」に登場する風の神をエオルス（またはアイオロス）と言い、このエオルスの名をとった優雅な楽器があります。「エオリアン・ハープ（エオルスの竪琴）」と名付けられた、高さ1m、幅12cm、奥行き7cmの共鳴箱に、十本の弦をゆるく張った琴で、それを風の通り道に立てかけておくだけでメランコリックな音楽を奏でるのです。ダヴィデ王はこれを木にぶら下げ、夜風で竪琴が音を奏でるのを楽しんだという話が伝えられています。

弦の太さを変えておくと、各々が少しずつ違った高さの音を発するので不思議な音色として人々が魅了され、十六世紀にはドイツやイギリスで広く流行ったそうです。

さしずめ、風の囁きを歌として聞いていたということになりますね。十九世紀ドイツの抒情詩人メーリケは「エオルスの竪琴に寄せて」と題して、「風から生まれた音楽の女神の神秘な弦の音をかき鳴らし」で始まる優雅な詩を創り、二十六歳であったブラームスがそれを歌曲として仕上げました。ドイツリートの名曲とされています。日本では、立てかけておいた琴が悲しげなメロディを奏でたという話がありますが、これもエオルスの竪琴と同じ現象と言えるでしょう。

風が音楽を奏でる理由は、風（空気の流れ）が細長い円柱状の物体を通り過ぎると、その物体の後ろに渦が交互に発生し、その反作用によって物体が上下に振動して空気を揺らすために音波が発生するというわけです。これを「カルマンの渦」と言い、二十世紀になってハンガリーの流体物理学者であるカルマンさんが、風の速さや空気の粘性の大きさなどの関数として、どのような渦が発生するかを明らかにしたのです。円柱状の物体として、弦とか電線とか木の細い枝であれば振動しやすいので渦が発生しやすくなり、私たちの耳に響くのです。

と聞けば、思い当たることがあるのではないでしょうか。冬になって寒風が吹きすさぶ頃、「ヒュー、ヒュー」と悲鳴を上げたように鳴る木枯らしです。これには「虎落笛《もがりぶえ》」という名がついていて、冬の寒風が柵や竹垣を吹き過ぎるとき笛のような音を出すことに由来します。「もがり」とは、亡くなった貴人を仮葬した場所のことで、それを囲う竹垣を意味し、中国で虎を防ぐ柵の意味がある「虎落」を当てたためとされています。虎落笛は冬の季語で多くの俳句が詠まれています。

この木枯らしが原因となって高速増殖炉「もんじゅ」がナトリウム漏れを起こし、ついに廃炉になってしまったことをご存じでしょうか。通常の原発は、核分裂で発生した熱を水に吸わせて高温の蒸気に変え、その圧力によって発電機を回すのですが、高速増殖炉の場合は水でなく金属ナトリウムを使います。高速増殖炉の発熱量が非常に高いため、熱容量が大きいナトリウムを熱の吸収材として使うのです。さらに、ナトリウムだと発生した中性子の速度を落とさないので、プルトニウムの生成に都合がよいこともあります。金属ナトリウムといっても非常な高温になりますから、ドロドロになって原子炉内を水のように流れるのです。高速増殖炉は、この高温になったナトリウムから熱交換器を通して水に熱量を移し、高温の水蒸気に変えて発電する仕組みとなっています。

その際、「もんじゅ」の原子炉内でナトリウムが実際にどれくらいの温度になっているか測らねばなりません。そこで、細長い棒状（つまり円柱状）の温度計がナトリウムの通路に設置されました。その結果、この温度計にナトリウムの流れが当たってカルマンの渦が発生し、温度計をガタガタと揺らし続けたあげく、根元の部分が耐えられなくなって底が抜け、そこからナトリウムが原子炉外に流れ出てしまったのです。この温度計を設計した人は、木枯らしも、虎落笛も、ましてやエオルスの竪琴も知らなかったのでしょう。

これで一兆円もかけた高速増殖炉の「もんじゅ」が「お釈迦」になったわけで、優雅な音楽と関係するとはとても信じられませんね。

（二〇二〇年二月十五日３７７号）

79

恒星は〃核〃の世界、惑星は〃原子〃の世界

太陽のように自分で輝いている星を「恒星」、地球のような自分では輝かず恒星の周りを回る星を「惑星」と言います。

恒星はその名の通り、天の一角に位置して場所を変えず、ほとんど明るさも変わらないままで、いわば不変の宇宙の主のような存在です。といっても、明るさが変化する変光星もあるし、どの恒星も有限の寿命で死を迎えていますから、決して不変の星ではないのですが、人間の一生という短い時間で見れば、ほぼ永久と言えるくらい長く輝き続けます。この恒星の輝きは原子核反応によって支えられています。

一方、惑星は恒星の周辺を行きつ戻りつしながら巡っているので「まどう星（惑

星)」と呼ばれました。星座として見ている恒星の分布は四季とともに姿を変えていくのに対し、五つの惑星(水星、金星、火星、木星、土星)は互いに近寄ったり遠ざかったりと自在に動くことから、道草をして遊ぶ「遊星」という優雅な名前で呼ばれることもあります。かつて太陽系の惑星は水金地火木土天海冥の九つでしたが、今では冥王星は惑星から外れて八つとなりました。冥王星は月よりも小さな天体で、惑星と呼ぶには貧弱過ぎることがわかったため、準惑星と格下げになりました。

恒星と惑星を分ける目安は、中心部で核反応が起こるくらい高い温度になっているかどうかで、結局それは星の重さで決まっています。太陽の重さの約十分の一より重いと核反応が起こるだけの高温になって輝く恒星になり、それより軽いと温度が上がらないので核反応は起らず、平衡の状態を保ったまま恒星が放つ光や熱を受け取っており、表面では原子が化学反応する惑星になります。つまり、恒星は核の世界、惑星は原子の世界なのです。

恒星は内部での核反応によってさまざまな元素を作り出すとともに、大量の光エネルギーを周囲に放出しています。これによって、宇宙に存在する元素が豊かになるとともに、恒星の周囲を回る惑星はその光エネルギーを受け取って原子のエンジンを駆動させるのです。原子のエンジンとは、たとえば地球のような植物が繁茂する惑星では、光エネルギーを使って植物の葉緑素の部分が水と二酸化炭素でデンプンを作る光合成反応をすることです。これが地球上の生きとし生けるものすべての栄養源となっていますからエンジンと呼ぶのにふさわしいでしょう。光エネルギーを恒星から惑星へとバトンタッチすることによって、豊かな宇宙の姿を演出していると言えるでしょう。

核と原子は決定的に異なっています。爆弾で言えば、核が原爆や水爆であり、原子はダイナマイトやナパーム弾です。いずれも戦場で使われたら莫大な犠牲者を出しますが、一発あたりの被害の大きさは原水爆が圧倒的です。そして発電で言えば、前者が核反応による原子力発電、後者が化石燃料を燃やす火力発電です。その差を核または原子の一個が反応するごとに放出されるエネルギー量を温度に直して比較すると、核反応では2億度以上の温度に匹敵し、原子反応では高々二千度程度にしかなりません。瞬間的に出されるエネルギーの差は十万倍以上にもなるのです。

といっても、核反応が起こっている原子炉内部の温度が2億度以上になっているというわけではありません。反応が起こるや瞬間的に2億度に匹敵する熱エネルギーが発生し、大量の水にその熱エネルギーを吸わせて冷やしているためで、一〇〇万kW級の原発では一秒間に100トンもの冷却水が必要なのです。言い換えれば、水をかけて冷やすという二千度以下の原子反応の技術によって、2億度以上という超高温度の核反応を制御しようとしているのが原発なのです。それがいかに微妙な操作を必要とする困難で強引な「技」であるかということは、福島原発で冷却水喪失が起こって原子炉がメルトダウンしてしまったことでおわかりだと思います。

放射能は核の世界の使者であり、原子の世界に生きる私たち人間はそれを完全に制御することができないと、認める謙虚さを身につける必要があるのではないでしょうか。

（二〇一七年七月十五日315号）

80

遥かな宇宙から地球を眺めれば

私は宇宙物理学者として、空を見上げてアレコレ想像し研究する、そんな仕事を長年続けてきました。人々の税金で生活し研究も続けられるという贅沢な立場にいたのです。

ところがある日のこと、ふと宇宙から地球を眺めてみたらどのように見えるかを考えてみることにしました。視点を天から地へと百八十度転換させたら、世界の景色はどう変わるかを見たかったのです。私たちは自分の目で見た世界が絶対だと思いがちなのですが、それは一つの視線から得た偏った像に過ぎないはずです。異なった視線からは異なった像が見えるのではないかと期待したのです。実際、視点を変えてみてそうであることがわかりました。

地球から宇宙を眺めている限りは、国境などというケチな縄張りはなく、天体の一つひとつは精いっぱい輝き、あるいは寿命を終えて暗黒の空間に消えていくのが見えるのみです。全ての天体は自然の摂理に従って輝き運動して、その一生を終えるという運命に従っています。先人によって地上で発見された物理の法則が宇宙にも同じように貫徹していることがわかったのですが、私はそんな人間の能力の偉大さに感動して研究を続けてきました。

そこで、全く逆の視線で宇宙から地球を見降ろすと、当然ながら人間という多様で猥雑で一筋縄でいかない存在が差配している世界が見えることになります。「宇宙から見れば地球には国境線はない」とよく言われますが、実際には国境線が見える場所も多くあるのです。二つの国が接していて、一方の国は政治が安定していて人々の生活は豊かであり、田畑の管理を丁寧に行なっているけれど、もう一方の国は乱れていて農地は荒れ放題で、雑木・雑草が繁茂しているとしましょう。こんな場合、整備された田畑と手入れされていない荒野が国境に沿って並行しており、くっきりと国境線が見えることになります。つまり、人間の生きざまが国境線となって具体的に見えるわけです。また、朝鮮半島の三十八度線の休戦ラインも上空から見ると、アンタッチャブルな無人の地が細長く連なっている姿としてくっきり見えることでしょう。これは国際政治が作っている国境線ということになりますね。

目を凝らして地球を詳細に見れば、累積する膨大な数の核兵器庫、内戦やドローンの攻撃による多数の人々の死、数多くの難民が国境を越えている姿など、地球人がまだ戦争を止められずにいることがまざまざと目の当たりにできるでしょう。

また、北で食べ物を捨てている飽食と南の食べ物の不足で飢餓に苦しむ子どもたち、そして一握りの金持ちと大多数の貧しい人々の対比的な生活も浮かび上がってきます。人類の歴史は自由と平等の拡大の歴史であったと学んできたけれど、現実を見ればまだまだ不十分であることを実感させられるのです。

さらに焦点を絞って日本を見てみましょう。戦後の日本の復興は目を見張るものがあり、いったん世界第二の経済大国まで登り詰めました。その経済力の根源は、鉄鋼・造船・電気製品・自動車・ＩＴ製品・液晶など、世界を先駆けての技術革新を成し遂げてきたことにあります。エコノミックアニマルと嫌みを言われながら、平和産業に徹して国境を越えて信用を勝ち取ってきたのです。

しかし、大企業は主な工場を海外に移転させ、日本の国内に残っている生産拠点はどんどん少なくなっています。日本人は物づくりの伝統を失いつつあり、新たな技術開発に後れをとり始めています。それに反比例するように軍事増強しており、日本は平和国家と言うのが恥ずかしいと言わざるを得ません。

日本の農地と山が荒れ始めていることにも気がつくでしょう。耕作放棄地が増え、限界集落は木々に覆われて森に戻り、大雨が襲来すると土砂崩れが起こる脆弱な地盤を露呈しています。毎年、日本のどこかが地震に見舞われているのに対し、五十基以上の原発が海岸線に林立しているという奇妙な光景が見えます。また福島で起こったような大事故が勃発しないか心配です。

時には、このように客観的に地球を眺め、自分たちの生きざまを見直してみるのも必要なのではないでしょうか。

（二〇一七年十二月十五日325号）

あとがき

私はこれまで、自然界や社会に生じている事柄について、科学者としての視点から評論する短い文章を科学エッセイとして書き、いくつか本として出版してきました。例えば、『転回の時代に』(岩波科学ライブラリー、一九九四年)、『考えてみれば不思議なこと』(晶文社、二〇〇〇四年)、『人間だけでは生きられない』(興山舎、二〇一四年)です。科学を身近に引き寄せるため、さまざまなエピソードを交えながら、わかりやすく科学を語るというものです。私自身がそんな書き物が好きで、今もいくつか連載しています。

本書は、「ビッグイシュー(日本版)」に八年あまり連載してきた科学エッセイを集めたもので、これまでに書いた百編の文章のうちから八十編を選んだものです。一編は字数が千六百字でそれなりに詳しく書け、関連する話題にも触れられるので、毎回楽しんで書いてきました。難問はどのような題材を選ぶかで、新聞や雑誌の記事に目配りし、面白そうな話題を選び出すのに苦労しました。そして、これというテーマが見つかると（これが「起」）、百科事典やインターネットで詳しい情報を漁り（これが「承」）、科学者の視点で料理して味付けし（これが「転」）、最後に自分独自の意見に収束させる（これが「結」）、という段取りで書くわけです。この起承転結がピタッと決まったときは、この上ない満足感を味わえます。最初に原稿を書いてから何年も経っているけれど、本書のゲラを校正しているとこのときの満足感が蘇り、あまり手を入れませんでした。反対に起承転結がうまくつながらず、苦労した場合もあって、そのことが校正の段階で思い出されて、書き直そうと四苦八苦した文章も混じっています。

「ビッグイシュー」の連載は続いており、もし本書が好評であれば、数年後には「続・科学メガネ読本」が出せるのではないかと思っています。そのことを楽しみにして、今後も書き続けていく所存です。

本書をまとめるにあたって、アノニマ・スタジオの景山卓也さんのお世話になりました。感謝いたします。

二〇二五年二月三日　　池内　了

本書は
「ビッグ・イシュー(日本版)」
295〜493号の
「宇宙・地球・人間　池内了の市民科学メガネ」
の連載を元に加筆修正し構成しています。

池内了

いけうち・さとる

1944年生まれ。宇宙物理学専攻。

京都大学理学部物理学科卒業。

同大学大学院理学研究科物理学専攻博士課程修了。

理学博士(物理学)。

名古屋大学及び

総合研究大学院大学・名誉教授。

著書『物理学と神』(講談社学術文庫)、

『疑似科学入門』(岩波新書)、

『科学の落し穴』『禁断の科学』(以上、晶文社)、

『科学者心得帳』(みすず書房)、

『科学の考え方・学び方』(岩波ジュニア新書)、

『科学と人間の不協和音』(角川oneテーマ21)、

など多数。

装丁
寄藤文平＋垣内 晴（文平銀座）

DTP
濱井信作（compose）

校正
東京出版サービスセンター

編集
景山卓也（アノニマ・スタジオ）

科学《かがく》メガネ読本《どくほん》

2025年4月13日　初版第1刷　発行

著　者
池内了

発行人
前田哲次

編集人
谷口博文
アノニマ・スタジオ
〒111-0051　東京都台東区蔵前2-14-14 2F
電話　03-6699-1064／FAX　03-6699-1070

発　行
KTC中央出版
〒111-0051　東京都台東区蔵前2-14-14 2F

印刷・製本
シナノ書籍印刷株式会社

 ISBN978-4-87758-870-0 C0040

アノニマ・スタジオは、

風や光のささやきに耳をすまし、
暮らしの中の小さな発見を大切にひろい集め、
日々ささやかなよろこびを見つける人と一緒に
本を作ってゆくスタジオです。
遠くに住む友人から届いた手紙のように、
何度も手にとって読みかえしたくなる本、
その本があるだけで、
自分の部屋があたたかく輝いて思えるような本を。